예민한
아이
육아법

KB066438

예민한 아이 육아법

초판 1쇄 2020년 11월 26일 **초판 2쇄** 2021년 06월 22일
지은이 엄지언 | **펴낸이** 송영화 | **펴낸곳** 굿위즈덤 | **총괄** 임종익
등록 제 2020-000123호 | **주소** 서울시 마포구 양화로 133 서교타워 711호
전화 02) 322-7803 | **팩스** 02) 6007-1845 | **이메일** gwbooks@hanmail.net

© 엄지언, 굿위즈덤 2020, *Printed in Korea*.

ISBN 979-11-972282-5-4 03590 | 값 15,000원

예민한 아이

아이

육아법

예민한
기질을
특별한
잠재력으로
만드는
육아 비법!

엄지언 지음

굿위즈덤

예민함은
빛나는 재능이다

"늘 감사합니다. 항상 동기부여 받고 있어요. 덕분에 아이 잘 키우고 있어요."

오늘도 메시지가 도착했다. 감사하다고. 동기부여 받는다고. 아이가 잘 자라고 있다고. 자주 이런 소식을 듣는다. 익숙하지만 익숙해지지 않는 말. 오히려 내가 더 감사하고 행복한 그런 말이다. 내가 어떻게 이런 감사 인사를 듣게 된 걸까? 대체 내가 뭐 그리 대단한 일을 했기에? 나 자신을 돌아본다. 그리 대단한 일을 했던 것은 아니다. 나 힘들다고 매일 육아일기 써서 올린 것 외에는.

나는 아이를 키우며 약 2천 편의 육아일기를 썼다. 매일같이 오늘은 이랬고 저랬고 아이가 이렇게 반응했고, 나는 그래서 이렇게 노력했고, 이런 자료를 찾아봐야겠다. 책에 이런 내용이 있었다. 끝.

그런데 엄마들은 나의 이런 일기를 읽고 영향을 받았다. 자신의 아이가 어떤 행동을 보이는지 자세히 관찰했다. 이럴 땐 어떻게 해야 할지 유심히 생각했다. 덩달아 같이 공부하게 되었다. 힘들어하는 나와 같이 슬퍼하고, 기뻐하는 나와 같이 웃어주었다. 참으로 감사했다. 함께 할 수 있어 너무나 기뻤다. 아이들이 잘 자라는 모습을 보면서는 더욱 뿌듯했다. 내 아이들도 잘 자라났다. 발달 장애를 매일같이 의심하던 힘든 시간은 온데간데없이 사라졌다.

이 이야기를 더 널리 알리고 싶다는 생각이 들었다. 나와 내 주변 엄마들뿐만 아니라 힘들게 육아를 하는 많은 분께 도움이 될 것이라 생각했기 때문이다. 아이들은 우리 세대와 다르다고, 예민함을 단점이라고 생각하는 고정 관념을 끊을 수 있다고, 예민한 아이도 잘 자랄 수 있고 행복한 삶을 살 수 있다고 이야기하고 싶었다. 그렇게 할 수 있는 방법이 있다고, 내가 그렇게 해왔고 많은 연구와 사례를 관찰한 결과, 대안을 발견했다고 알리고 싶었다. 그리고 그 바람은 간절함이 되었다.

오랜 노력 끝에 이 책이 나왔다. 출판에 여러 번 실패하고 힘들어할 때 나는 책 쓰기 코칭계의 구루인 김도사님을 만났다. 나는 예민한 아이 이야기는 더 이상 쓰지 않으려고 했다. 그런데 그 이야기를 쓰라고, 회사를 설립하라고 하시며 목숨 걸고 코칭해주셨다. 처음엔 망설였지만, 꾸준히 나에게 고맙다고 이야기하는 엄마들을 생각하며 다시 일어났다. 많은 부분을 바로잡고 싶었다. 예민한 기질의 아이들이 점점 늘어나고 있다. 예민한 기질인지 모르는 사람들도 많다. 맞지 않는 양육으로 아이도 부모도 고통받는 경우가 허다하다. 조금만 신경 쓰면 잘 자랄 수 있는데. 힘듦이 오히려 빛나는 재능이 되는데. 나는 힘주어 알려야 했다.

또한 나는 대안을 주고 싶었다. 불우한 환경에서 자라 방황했지만 결국 제정신 차린 나 자신을 분석했다. 마치 운명처럼 방법이 찾아지고 그에 알맞은 글이 써졌다. 나 자신을 넘어 어떤 위대한 존재가 나를 도왔다고밖에 표현할 수 없었다. 이 책을 쓰며 매일같이 기적을 경험했다. 내가 갈 길이 보였다. 나의 소명이 뭔지 알게 되었다. 내가 힘들었던 이유는 바로 나처럼 힘들었던 사람을 돕기 위함이라고. 공부도 일도 그만두고 경력단절 전업맘인 나는 값진 경험을 발판삼아 다시 일어났다.

이 책에서 나는 예민함을 재정립했다. 기존 예민함에 관한 정의는 시대가 바뀌며 조금 달라져야 한다. 내향적인 사람만이 예민한 것이 아니다. 외향적인데 예민한 사람이 늘어나고 있다. 기존 일레인 아론의 민감한 사람들 HSP(Highly Sensitive Person) 이론에서 조금 달라져야 하며 새로운 세상에 알맞은 정의가 필요하다. 또한 예민함이 영재성으로 발전할 수도 발달 장애로도 갈 수 있다는 사실을 자각해야 한다. 이는 환경에 따라 달라진다. 나는 부모들이 충격을 받고 힘들까 봐 이 이야기를 조심했다. 하지만 이제 알 것은 알아야 한다. 알고 나면 방법이 찾아지고 방법을 못 찾으면 대안이 나온다. 내 역할은 예방하는 것. 그리고 잠재력을 극대화하는 것이다.

갈수록 예민한 기질의 사람들이 늘고 있다. 세상이 바뀌면서 예민한 사람들은 혁신의 선두주자가 될 것이다. 예민하다는 말은 부정적인 단어로 자주 쓰이지만 실제로는 아주 긍정적인 뜻이다. 나는 그래서 정면 승부하기로 결정했다. 내 아이는 예민하다. 그리고 나도 예민하다. 이 사실과 그에 따른 노하우를 세상에 알린다.

마지막으로 이 책이 세상에 나오게 도와주신 김도사님께 다시 한 번 감사드린다. 책은 개인의 인생을 바꾸고 세상을 바꾸는 것이 맞다. 또한 나와 함께하는 육아동지들에게 사랑을 전한다. 그리고 우리 헬렌과 크리스. 너희는 세상의 빛과 소금이 될 거야. 엄마가 롤 모델이 되어 먼저 보여줄게. 나와 같이 아이들 키우느라 고생한 남편과는 이번 주 또 같이 영화를 보러 다녀와야겠다. 아이 키우는 동안 하늘나라로 떠난 여우와 별이 그리고 내 옆을 늘 지켜주는 깨비. 모두들 정말 감사합니다.

함께 가자. 혼자서는 빨리 가지만 함께라면 느려도 멀리 간다. 이제 시작일 뿐이다. 누구든지 뜻이 맞는 사람은 나를 찾아오라. 앞으로가 기대된다.

목차
....

4장

예민한 아이를 크게 키우는 8가지 방법

5장 예민한 기질은 특별한 잠재력이다

1장
. . . . . .

예민한 아이를 키우고 있습니다

01
.....

너무나 예민한 아이, 오늘도 힘든 하루

"I CAN DO IT!"

아이를 처음 만나기 직전 내지른 말이다. 20시간의 진통이었다. 아이는 골반에 끼어 내려오질 않았다. 힘이 다 빠져 깜빡 잠들기 일쑤였다. 마법 같은 무통의 효과도 거의 끝났다. 눈이 흐려지는 나에게 거울을 사용하겠냐고 선생님이 묻는다.

"네, 거울 볼래요."

내 다리 사이 짜잔, 비장의 무기 커다란 거울이 놓였다. 거울 안 까만 머리가 보인다.

'아, 네가 거기 그렇게 끼어 있구나.'

갑자기 젖 먹던 힘이 솟아오른다. 사실 나는 분유를 먹고 자랐지만, 그 말은 바로 이럴 때 쓰나 보다.

"아이! 캔! 두! 잇~~!"

나도 모르게 괴성을 내지르며 모든 기운을 한방에 쏟았다. 갑자기 분만실이 분주해졌다. 아이의 머리가 나왔단다. 그렇게 태어난 나의 첫 아이. 습관성 유산으로 6번의 유산을 겪고 의느님의 힘으로 드디어 만난 내 진짜 살아 있는 아이. 첫 만남에 폭풍 눈물이 쏟아졌다. 태어난 직후 가슴에 올려놓고 감성의 시간을 보내려는데 너무 울어 결국 그냥 간호사가 데리고 간 것 외에는 모든 게 좋았다. 우리의 만남은 그렇게 시작되었다.

너무 다른 예민한 아이 엄마의 하루

예민한 아이를 키우는 엄마들은 대부분 시작부터 남다르다. 몇 개월 후 예민함이 드러나는 케이스도 있다. 하지만 대부분이 언제부터든 평범하지 않은 하루를 보내게 된다. 나뿐만 아니라 다른 엄마들도 나름의 출산 이야기가 있을 것이다.

처음 내 아이는 너무나 고요하게 잘 잤다. 그런데 밤부터 아이가 울기 시작했다. 수많은 병실 중 울음소리가 들리는 곳은 우리 병실밖에 없었다. 초보 엄마인 나는 허둥지둥했고, 남편은 짜증을 내기 시작했다. 마침 왔던 친정엄마도 자러 집으로 돌아간 상황이었다. 간호사가 계속 들락날락거리며 아이를 체크했다. 아무런 이상이 없단다. 그런데 왜 이렇게 울지?

"왜 이렇게 우나요?"

아무도 답을 주지 않았다. 아이는 너무 울어 폭풍 태변을 여러 번 누었다. 남편은 나더러 좀 달래보라고 해서 다투고 말았다. 그렇게 나는 출산 첫날 밤을 하얗게 지새웠다. 모든 출산이 그럴 거라 생각하려 애썼지만 뭔가 좀 이상했다. 그 후 어떤 일들이 있었을까? 다음은 27개월이 지난 어느 날의 일기다.

"아침 6시. 아이가 우는 소리에 화들짝 놀라 깬다. 아, 아침인가? 눈이 찢어질 듯 따갑고 몸이 천근만근이다. 비몽사몽 눈이 반쯤 감긴 채로 아이를 안고 거실로 나간다. 밖은 동이 트려는지 어슴푸레하다. 8시간만 자고 일어나다니 어쩜, 잠 패턴이 어른 같다. 종일 아이를 상대한다. 혼자 놀지 않고 계속 엄마에게 매달린다. 자꾸 울고 짜증을 내니 허겁지겁 점심을 먹는 둥 마는 둥 한다. 제대로 씻지도 싸지도 못한다. 화장실에 갈 때마다 아이는 울며 쫓아온다. 어찌나 엄마를 사랑하는지. 고맙지만 사실 나 혼자만의 시간이 간절하다. 두 시간이나 걸려 낮잠을 겨우 재웠다. 아이가 잠든 것 같아 살짝 일어나는데 무릎에 뚜둑 소리가 난다. 이런, 아이가 그 소리에 깼다. 딱 30분의 휴식이 이렇게 끝난다. 아, 제발 조금만 더 잤으면. 조금만 더 쉬었으면. 누가 좀 도와줬으면. 허공에 아무도 듣지 않는 메아리가 울린다.”

많은 예민한 아이 엄마들이 보내는 하루도 모양은 각각 다르지만 이와 같을 것이다. 진이 빠지고, 쉬고 싶고, 혼자만의 시간이 필요할 것이다. 너무나 도움이 필요하다. 누구보다 그렇다. 그런데 현실은 녹록지 않다.

사실 예민한 아이 엄마는 도움을 받기가 더욱 쉽지 않다. 예민한 아이들은 사람을 귀신같이 알아본다. 양육의 질 차이를 섬세하게 알아챈다. 낯가림이 심한 케이스가 있으며, 주 양육자가 아닌 사람을 강하게 거부하기도 한다. 거기다 예민한 아이 엄마들은 유전적으로 비슷한 성향을 가지고 있을 확률이 높다. 사람을 두고 쓰기가 편하지 않다. 사교적인 성향이 아니라면 사람들에게 도움을 구하기도 어렵다. 또한 기질이 수용 받는 사회적 분위기가 형성되어 있지 않아 생기는 어려움도 있다. 특히 우리 윗세대들이 그렇다. 그래서 예민한 아이를 키우는 엄마들은 엎친 데 덮친 격으로 더 힘들다.

참으로 안타깝다. 나 역시 그랬기 때문이다. 지난 일을 생각하면 눈물부터 난다. 특히 순한 아이를 키우는 엄마들과는 삶의 질이 너무나 달라진다.

너무 다른 순한 아이 엄마의 하루

순한 아이를 키우는 엄마 K. 아이가 12시간을 푹 자고 일어난다. 얼마 전엔 수면 교육에 성공했다. 아이는 스스로 뒹굴다 밤새 통잠을 잔다. 남편도 시댁도 친정도 아이가 잠을 잘 자기만 해도 어떻게 아이를 그리 잘 키우냐며 입이 마르게 칭찬한다.

K는 일어나 물 한잔 여유롭게 마시고 하루를 시작한다. 오전에 청소를 하고 반찬 준비를 하는 동안 아이는 혼자 꽁냥꽁냥 잘도 논다. 편식은 좀 있지만, 엄마가 정성스럽게 만든 밥을 꿀꺽꿀꺽 잘 받아먹는다. 그리고 두 시간 낮잠 타임. 엄마는 아이가 잘 때 독서하고 유튜브도 보며 잠시 쉰다. 아이는 종일 잘 웃으며 옹알이도 많다. 많이 울거나 칭얼대지 않는다. 밖에 나가면 유모차에도 가만히 잘 앉아 있는다.

K는 육아가 어렵지 않다. 하지만 역시 엄마의 삶은 쉽지 않다고 느낀다. 아이 낳기 전보다 시간을 많이 빼앗기기 때문이다. 그래서 어린이집을 알아본다. 처음엔 어려워도 아이가 금방 적응할 거라는 믿음이 생긴다.

예민한 아이 엄마의 하루와 순한 기질의 아이 엄마의 하루는 이렇게 너무나 다르다. 이 둘은 서로 이해하고 싶어도 할 수 없는 평행선과 같은 존재다. 이렇게 다른 상황의 엄마 둘이 만나면 상처받는 쪽은 슬프게도 예민한 아이 엄마다.

'왜 내 아이는 이럴까? 왜 나는 이렇게 힘들어야 하나? 저 엄마는 진짜 좋겠다. 저렇게 육아하면 하나도 안 힘들겠다. 전생에 나라를 구했나보다.'

미운 마음도 생긴다. 안타깝지만 사람이니 어쩔 수 없다. 거기다 상대 엄마가 무언가 말을 잘못하면 그 날은 무너지는 날이다. 흔히 듣는 이런저런 조언들. "수면 교육해봐라.", "공갈을 물려봐라.", "엄마하고만 있어서 그렇다.", "너무 맞춰줘서 그렇다." 등 무심코 하는 말에 예민한 아이 엄마는 상처받는다. 되지 않는 걸 어떡하나.

남다른 기질의 넷째 딸 헤이든을 키운 미국 소아과 의사 윌리엄 시어즈 박사는 『까다로운 내 아이 육아백과』에서 이런 예민한 아이 엄마의 마음을 대변한다. 그는 까다로운 아이를 둔 엄마는 쉽게 에너지가 고갈되어 녹초가 된다고 말한다. 이런 상태에서 엄마들은 육체적 정신적 에너지가 거의 남아 있지 않다고 느낀다. 그 결과 아이를 때릴 것만 같고, 비명을 지르고 싶어지고, 화가 나고, 좌절감을 느끼며, 아이가 원망스럽고, 자신의 비이성적인 행동에 죄책감을 느낀다. 아기나 엄마의 건강에 좋지 않은 음식이 당긴다. 또한 어떤 일도 해낼 수 없다는 무력감에 빠지게 된다.

시어즈 박사는 이런 상황에서 무엇이든 도움이 될 만한 건 모두 시도해보라고 조언한다. 엄마 자신을 챙길 방법을 찾아야 한다. 기도하고 명상하라. 또한 원망을 접고 해결 방법을 찾아야 한다고 말한다.

하지만 말이 그렇지 사실 너무 힘든 와중에 방법을 찾는 것은 결코 쉽지 않다. 사람은 너무 힘이 들면 생각의 뇌가 정지된다. 생존의 뇌가 발동하여 그저 순간의 문제를 해결하기에 급급하게 된다.

나 역시 오랜 기간 생존의 뇌로 버텼다. 특히 아이와 있을 때는 정상적인 생각 회로가 돌아가지 않았다. 매일 밥을 허겁지겁 먹었으며 숨을 가쁘게 쉬었다. 당 충전으로 스트레스를 풀었다. 아이가 자면 삶의 유일한 낙인 야식은 필수였다. 그 결과로 살이 13kg 쪘다. 당연히 건강도 나빠졌다. 아이를 자주 안으니 허리도 손목도 다쳤다.

후에 알게 된 거지만 사람들을 만나면 아이를 돌보면서도 생각의 뇌가 활성화될 수 있다. 물론 아이의 기질과 내 육아를 지지해주는 사람이어야 할 것이다. 아이를 재우고 밤에 잠깐이라도 책을 보거나 일기를 쓰면 크게 도움이 된다. 다시 생각의 뇌가 움직여 하루를 돌아보고 내일을 생각할 수 있기 때문이다. 절대 쉽지 않다. 하지만 찾으면 분명히 방법이 있다.

예민한 아이와의 첫 만남은 남달랐다. 일정 시간이 지나 아이의 예민함이 드러나는 경우도 있을 것이다. 뭐가 되었든 이런 엄마들이라면 분명 남다른 하루를 보내고 있을 것이다. 그 하루는 순한 기질의 아이 엄마가 보내는 하루와 확연히 다르다. 너무나 도움이 필요하지만 도움을 받지 못하는 경우가 다반사다. 그런 하루를 엄마는 온전히 받아낸다. 신체적 정신적으로 고갈 상태이고 더 이상 버틸 힘이 없다. 아프고 병이 나는 엄마들도 많다. 그럼에도 엄마는 다음 날 또다시 견뎌낸다. 그런 하루가 겹겹이 싸여 예민한 아이는 자란다. 누가 감히 엄마 탓을 할 수 있을까. 이미 시작부터 위대하다. 단지 방법을 몰랐을 뿐이니, 이제부터 알면 된다.

예민한 아이를 키우는 부모들의 12가지 속마음

예민한 아이를 키우는 엄마들은 힘든 하루를 보내며 많은 감정의 기복을 겪는다. 사실 대부분 그렇다. 힘든 일을 겪으면 망연자실하여 아무 의욕이 없어진다. 하루에도 몇 번씩 오락가락하는 마음을 컨트롤하기가 쉽지 않다. 보통 힘든 일을 한 번만 겪어도 그런데, 매일매일 충격이 누적된다면 어떨까? 조금 다시 노력해서 일어나도 또다시 다음 날 KO 당한다면 어떨까? 그걸 하루, 이틀, 1달, 1년, 3년을 그리 지내야 한다면? 그럼에도 불구하고 정신을 똑바로 차리고 해야 할 일들을 해내고, 웃으며 아이를 돌보아야 한다. 사람들은 도와주기는커녕 비난하기 바쁘다. 이런 와중에 미치지 않고 버틸 수 있을까? 사람들과의 원만한 관계는 가능할까? 치매는 부처도 돌아앉는다고 한다. 예민 아이 육아는 예수님도 괴로워할 것이라고 말하고 싶다. 그게 정상이다.

예민한 아이를 키우며 느끼는 진짜 감정

예민한 아이를 키우는 엄마 L은 살면서 그리 힘든 일을 겪어본 적이 없다. 학교 생활도, 성적도 그럭저럭, 직장도 그럭저럭 괜찮았다. 사실 큰 어려움이 없었다. 인 서울 대학을 나왔으며 월급 꼬박꼬박 나오는 직장을 다녔다. 부모님 실망 안 시키고 그럭저럭 결혼도 했다. '이 남자다' 싶은 사람과 결혼해 예쁜 아기를 낳았다. 모든 것이 탄탄대로일 줄 알았다. 그런데 웬걸! 육아가 너무 힘들었다.

아이는 매일 울고 보챘다. 작은 것에도 반응하며 안아달라고 졸랐다. 미칠 것만 같았다. 다른 사람들과 내 육아하는 모습이 너무 다르니 아이를 이해하고 사랑하기 어려웠다. 사랑하던 남편도 밉게 느껴졌다. 잘나가는 친구들을 만나 결혼해도 절대 애는 낳지 말라고 조언할 줄 누가 알았을까. 원래 나는 상냥하고 친절한 사람이었는데. 육아도 아이도 그럭저럭 될 줄 알았는데. 매일 버럭하고 이성을 잃는 내가 괴로웠다. 긍정적으로 생각하려고 해도 잘되지 않았다. 예민한 아이를 만난 건 난데없는 외계인 침공이나 다름없었다.

예민한 아이를 키우며 느끼는 이러한 감정은 지극히 정상이다. 감정은 그 어떤 것도 자연스러우며 마음껏 누릴 수 있는 것이다. 잘났든 못났든, 부자든 아니든 모두 예민한 아기와 생활하면 멘붕을 겪는다.

이러한 감정을 다스리고 스트레스를 적절히 발산할 수 있도록 방법을 찾는 것이 좋다. 먼저 감정을 이해하고 수용하는 것이다. 그것이 모든 시작의 열쇠다. 시작이 반이라는 말도 있지 않은가.

예를 들어, 아이를 멀리하고 싶은 마음이 들었다면 그건 나쁜 것이 아니다. 엄마도 사람이기에 화가 나면 잠시 사랑이 거두어지고 이기적인 생각이 든다. 부정적인 감정을 그대로 두면 우울증이 된다. 심하면 극단적인 생각까지 하게 된다.

어렸을 때 겪었던 대로 상상하게 되는 것이다. 맞고 자랐다면 아이를 때리고 싶고, 부부싸움에 노출되어 자랐다면 남편과 싸우게 된다. 이런 경우 생각은 자유지만 행동으로 옮기지 않아야 한다. 죄책감에 빠져들기보단 이럴 때가 오히려 내면의 아이를 치유해야 할 타이밍이다. 감정의 관찰자로서 무조건적 수용을 해준다면 행동 조절에 도움이 된다. 먼저 '그런 감정이 떠올랐고 내가 이해했다.'라는 생각만으로도 마음은 작은 평정을 찾는다. 나를 탓하기 이전에 나의 과거와 현재 환경을 돌아보아야 한다.

『까다로운 내 아이 육아백과(The Fussy Baby Book)』에서 윌리엄 시어즈 박사는 까다로운 아이를 키우는 부모들의 12가지 속마음을 이야기한다. 그들은 스스로를 무능한 부모라고 자책하기 쉽다. 사람들과 심리적인 벽을 쌓아 관계가 틀어지기 쉽다. 자신이 이렇게 힘들게 육아하는 상황을 원망하게 된다. 아이가 어떤 반응을 보일지 예측하지 못해 항상 긴장한다. 아이에게 휘둘리는 듯 느껴진다. 이렇게 된 게 다 자신의 잘못 같아 죄책감이 든다. 삶의 주도권을 잃어 힘들다. 내 아이인데도 이해하기 힘들다. 몸과 마음의 에너지가 바닥까지 고갈된다. 강박적으로 원인을 찾으려 한다. 육아 환상에서 깨어난다. 훈육이 어렵다고 느낀다. 이런 감정들은 예민한 아이 엄마들에게 너무나 자연스럽다.

감정을 다스리며 부모는 크게 성장한다. 마음을 조절하고 경험을 긍정적으로 받아들이는 방법을 매일 단련하고 배우게 되는 것이다. 따라서 시어즈 박사는 이러한 감정이 아이를 키우면서 느끼는 부모의 성장통이라고 설명한다.

예민한 아이를 키우며 느끼는 아픔은 성장통이다

나 역시 해당 감정들에 압도되어 힘들었다. 주변 예민한 아이 엄마들도 너나 할 것 없이 마찬가지였다. 작은 위로를 하자면 정말 크게 성장했다. 억겁의 시간이 지나서야 할 수 있는 이야기다. 진정 성장통이 맞다. 이러한 감정을 품어내어 아프고 노력하며 진주로 승화시키게 된다. 하지만 다시 돌아가서 하라면 결코 다시 돌아가지 않을 것이다. 아기는 너무 예쁘고 다시 돌아오지 않는 시간이 소중하다. 하지만 그 힘듦은 인간이 버텨낼 수 있는 종류의 것이 아니었다. 만약 돌아간다면 딱 하루, 24시간만 아이를 품에 쏙 안고 물고 빨고 싶다. 아무리 징징대고 보채도 딱 하루만이라면, 다시 돌아오지 않을 시간이라면, 어떻게든 버틸 수 있을 것 같다. 물론 성장한 내가 돌아가야 한다. 그때의 어렸고 미숙했던 나 말고.

아이는 종일 울고 아무리 노력해도 잘 달래지지 않았다. 밤새 잠을 못 자기도 했다. 나는 너무 힘들 때 아이를 안고 창밖으로 뛰어내리는 상상을 한 적이 있다. 베란다 밖으로 아이를 던지는 상상을 한 적도 있다. 아이가 너무 미울 때 상상 속에서는 아이를 여러 번 때렸다. 다행히 나는 그 모든 생각을 하나도 실제 행동으로 옮기지는 않았다. 이것을 '상상 학대'라고 말한다. 나는 내가 그런 생각을 했다는 것만으로 소스라치게 놀랐다. 본능은 참 무서운 것이다.

어릴 때 사랑을 받지 못하고 자란 나이기에 더 그런 생각이 든 것 같다. 많이 맞았고 모욕을 겪으며 자랐다. 그래서 더 내 아이는 그렇게 키우고 싶지 않았다. 그런데 극한 상황이 되면 내가 받았던 것을 내 아이에게 퍼붓는 장면을 떠올리게 됐다. 나 자신이 괴물 같았다. 나를 가해한 사람들과 나는 같은 존재였다.

너무 충격을 받아 그날 부로 사람을 알아보고 도우미를 고용했다. 도우미조차 하루 만에 그만뒀다. 뭐 이런 아기가 있냐며, 자기가 많은 아기를 겪어봤지만 이렇게 힘든 아기는 처음이라고 말했다. 이게 현실이다.

예민한 아이를 키우는 부모들은 아이를 키우며 하루에도 여러 번씩 내면 아이와 마주치게 된다. 내 안의 어린 아이. 다 자라지 못한 어린 아이가 거기에 있다. 내가 아이에게 화를 내면 내가 어렸을 때 화를 겪은 것이다. 내가 아이에게 소리를 지르면 내가 어렸을 때 누군가가 나에게 소리를 질렀던 것이다. 내가 실수로 아이를 때렸다면 나도 맞고 자랐을 것이 틀림없다. 눈물과 후회로 밤을 지새운다. 아이가 잠든 모습을 보며 감사하며 한숨 돌리지만, 죄책감은 가라앉지 않는다.

하지만 포기하지 말자. 나의 내면아이는 아이와 함께 다시 자란다. 내가 다시 일어나 노력하면 그런 나를 부모로 삼아 다시 성장할 기회를 얻는다. 그래서 예민한 아이 육아는 너무나 힘들지만, 또한 축복이다. 다시 태어나 모든 걸 마주하고 치유할 기회를 얻으니까. 세상에 공짜는 없는 법이지 않나. 이 위기를 기회로 삼자. 다시 태어나자. 나는 나를 부모 삼아 다시 자란다. 나의 마음은 이렇게 아이와 함께 자란다.

예민한 아이를 키우는 부모들은 격한 감정의 소용돌이를 겪게 된다. 못 자고 못 먹어 육체가 상하는 것도 힘들지만, 정신적으로 고갈되는 상황은 더욱 힘들다. 장기적인 심리적 상처를 입기도 한다. 흔히 이를 전문 용어로 트라우마라 말한다. 절대 둘째는 낳지 않겠다는 사람도 많다. 안타깝지만 예민한 아이 부모라면 겪는 당연한 상황이라고 이야기하고 싶다. 혼자만의 일이 아니다.

또한 누구나 극한 상황이 되면 충동성이 높아진다. 어떤 생각이 들지 모르며 그나마 행동으로 옮기지 않았다면 다행이다. 이 모든 상황에 죄책감을 갖지 말길. 아이 탓도 아니며 부모 탓도 아니다. 너무나 도움이 필요한 걸 알기에 용기 내어 내 바닥까지 들어내 이 책을 쓴다. 방법을 찾아야 한다. 그리고 누구보다 위로받아야 할 사람은 바로 부모다.

아이의 컨디션 기복이 너무 심해요.
다른 아이 같아요.

아이가 이상해지는 시기가 있어요. 제 관찰에 예민한 아이는 보통 두 돌까지 많이 힘들어요. 17~20개월은 특히 마의 시기입니다. 두 돌 지나며 잠시 괜찮았다가, 27개월부터 30개월 즈음 또 한 번 고비가 와요. 세 돌 이후에는 또 많이 달라집니다. 미운 3살, 미친 4살, 죽이고 싶은 7살도 있죠. 이건 푸념이 아니라 과학입니다. 유년기에 이렇게 굵직한 파도가 오고, 잔잔한 파도도 수시로 찾아옵니다. 그때 아이는 타인을 이해하고 배려하는 능력이 현저히 떨어져요. 그냥 참고 기다리는 수밖에 없어요. 아이는 다시 제자리를 찾습니다. 이때 조금 마음을 내려놓고, 잘하려 하지 말고, 그저 너무 나쁜 기억을 만들지 않는 것에 집중하세요. 믿고 기다리세요. 그리고 괜찮아지면 밀려 있던 좋은 추억을 많이 만들면 됩니다.

예민함은
장애와 다르다

예민한 아이를 키우다 보면 수많은 오해에 시달리게 된다. 요즘은 인터넷에 너무나 정보가 많다. 예를 들어 아이가 다른 아이들과 잘 어울리지 못한다면 부모는 방법을 찾으려고 인터넷을 뒤진다. 사회성, 또래 관계를 검색해 한참 뒤지면 자주 눈에 띄는 단어가 있다. 자폐, 자폐 스펙트럼, 아스퍼거. 호기심에 자세히 읽어본다. 항목들을 가만히 살펴보다가 흠칫 놀란다.

'뭐 이리 겹치는 게 많아? 자스(자폐 스펙트럼)? 내 아이가 자스란 말이야?'

또 어떤 엄마는 아이가 가만히 앉아 있질 못하니 마음이 조급해진다. 문화센터에 가면 다른 아이들은 다 모여서 활동을 하는데 우리 아이만 계속 돌아다니다가 엄마한테 매달려 나가자고 징징댄다. 집중력, 주의력, 가만히 앉아 있지 못하는 아이 등을 검색하다가 ADHD(주의력결핍장애)가 눈에 띈다. 항목들을 보는데 다 내 아이 이야기 같다.

'내 아이가 말로만 듣던 ADHD라는 말이야?'

엄마는 충격을 받아 잠시 머리가 멍해진다. 내 아이가 정상이 맞는지 확인하려 애쓴다. 그냥 무시하고 덮어버리기도 한다. 아이의 문제처럼 보이는 행동을 바로잡으려고 아이와 한바탕 전쟁을 치른다.

이런 일들에 대처하는 방법을 알려드리자면, 위에 나열한 대처 방식은 다 틀렸다. 왜 그런지 내 사례를 시작으로 이야기해보겠다.

예민한 기질은 성장 환경에 따라 양육 결과가 달라진다

우리 집안은 대대손손 예민한 기질이다. 친가와 외가 모두 그렇다. 친가에서는 아주 잘된 사례도 있는 반면, 정신 질환을 앓는 경우도 많다.

예를 들어 삼 남매 중 가장 사랑을 많이 받은 돌아가신 우리 아버지는 사람을 끌어당기는 매력이 있었다. 학위를 여러 개 소지했으며, 업계 최고의 자리까지 올라갔다. 하지만 왼손잡이로 태어나 어렸을 때부터 많이 맞고 사랑을 받지 못한 큰아버지는 매일같이 술을 마셨다. 수시로 할머니 집에 찾아와 대문을 발로 차고 물건을 부쉈다. 나와 내 동생을 무릎 꿇려 앉히고 밤새도록 이유 없이 때렸다.

친가보다 좀 더 부유한 외가에서는 예술가가 많이 배출되었다. 이모는 지금도 화가로 활동하며 그 아이들과 친척들도 예술인의 길을 걷고 있다. 힘든 일을 많이 겪었던 우리 엄마는 우울 증상이 있었다. 여러 번 결혼하고 또한 이혼하셨다.

같은 예민한 기질인 남편 집안도 남다르다. 음악가를 배출한 예술가 집안이다. 유명한 작곡가인 남편의 외할아버지는 극도로 섬세하고 작은 것에도 반응하셨다고 한다. 반면 우리 집안처럼 타고난 기질 때문에 힘들어하는 구성원도 보인다.

가만히 들여다보자. 잘되는 사람은 아주 잘되고, 아닌 사람은 완전히 힘든 인생을 산다. 대체 그 이유가 무엇일까? 예민한 기질의 영향일까? 다들 비슷한 유전자의 뿌리를 가졌다면 결과가 이렇게 달라지는 원인이 뭘까? 어떤 차이가 있는 걸까?

예민한 기질은 성장 환경에 따라 양육 결과가 달라진다. 좋은 환경에서 자라면 더욱 긍정적이 된다. 하지만 나쁜 환경에서 자라면 그만큼 더욱 부정적인 결과를 낳는다. 여기서 좋은 환경, 나쁜 환경이란 기준은 다음과 같다. 첫 번째는 주 양육자의 양육 퀄리티다. 너무나 당연하고 뻔한 이야기지만 앞으로 자주 반복될 이야기다. 하지만 주 양육자가 고퀄리티의 양육을 하는데는 환경의 역할이 굉장히 중요하다. 환경의 중요성에 좀 더 주목할 필요가 있다. 어린 시절이 지나면 그 다음 어떤 환경에서 어떤 사람들과 어울려 자라는지도 중요한 요인이 된다. 또한 꾸준한 독서가 물리적인 환경의 영향을 뒤집어 엎기도 한다. 이는 뒤에서 더 자세히 이야기할 것이다.

예민한 기질을 '고반응성' 기질이라 부른다. 반응성이 평균보다 높다는 이야기다. 외부에서 주어진 자극에 격하게 반응한다면 아기는 고반응성 기질을 가졌다. 하버드대 심리학 박사 제롬 케이건과 그의 팀은 4개월 된 아기들을 녹음한 목소리, 풍선 터지는 소리, 눈앞에서 춤추는 색색 모빌, 알코올을 묻힌 면봉의 냄새 등의 자극에 노출했다. 약 20퍼센트의 아기는 기운차게 울며 저항하고 팔다리를 휘저었다. 케이건은 이들을 '고반응'이라 불렀다.

이들이 가진 주 유전자는 5-HTTLPR와 DRD4-7R로 세로토닌과 도파민이 관련 호르몬이다. 이들은 안 좋은 환경에서 자라면 우울증, 불안 장애, 자폐 스펙트럼, 주의력결핍장애 등에 취약해진다고 전문가들은 말한다. 하지만 좋은 환경에서 자라난 고반응성 아이들은 보통 아이들보다 사회적이며 더욱 성취한다.

연구 결과를 잘 살펴보면 예민한 아이가 자스나 주의력결핍장애에 걸리는 것은 후천적인 부작용이다. 아이가 선천적으로 이와 같은 장애를 가지고 태어났다면 그건 기질이 아닌 일찍부터 치료가 필요한 영역이다. 선천적 아닌 후천적 영향이라면 예방이 가능하다는 얘기다. 또한 미처 알지 못해 대처하지 못 했다고 하더라도 아이의 뇌가 말랑한 어릴 때 꾸준히 노력하면 후천적인 부작용을 다시 되돌릴 수 있다.

잊지 말아야 할 중요한 사실은 예민한 아이들이 고위험군이라는 것이다. 선천적으로 장애를 가지고 태어난 것은 아니지만, 안 좋은 양육 환경에서는 장애의 위험이 높다. 예민한 기질은 좋은 환경에서 더욱 긍정적으로 발휘되므로 힘든 만큼의 선물도 분명 존재한다. 이를 알고 공부해 열심히 양육한다면 좋은 결과가 있을 것이다.

민감한 기질 연구의 권위자 미국의 일레인 아론 박사는 예민한 기질과 발달 장애는 다른 종류의 것이라고 이야기한다. 예민한 아이는 주의력결핍장애와 비슷해 보일 수 있다. 한 번에 많은 것을 감지해 주의가 흩어지기 때문이다. 하지만 주의력결핍장애는 편안한 상황에도 의사결정이나 집중과 같은 주요 기능이 부족하다. 예민한 아이라면 편안하고 맞는 환경에서는 주의력 결핍 증상을 보이지 않는다.

또한 자폐적 장애와 예민한 아이의 가장 중요한 차이는 사회적 자극에 민감한가의 여부다. 예민한 아이가 보이는 감각적인 민감성 때문에 종종 오해를 받곤 한다. 하지만 자폐적 장애는 사람을 좋아해도 사회적인 상호 작용이 제대로 이루어지지 않는다. 예민한 아이들은 이미 자궁에서부터 엄마의 감정에 반응한다. 민감한 기질은 치료해야 할 종류의 것이 아니며, 의심되는 부분이 있다면 전문가를 만나는 것이 좋다고 아론박사는 이야기한다.

일본의 인격 장애 임상 일인자 오카다 다카시 박사는 『예민함 내려놓기』에서 예민한 아이가 자폐나 주의 집중력 문제를 가지고 있다면 먼저 환경적 문제를 살펴보라고 조언한다. 아이가 후천적으로 자폐가 되는 원인은 애착 장애이다. 부모에게 학대를 받았거나 방치되었을 경우다. 또한 아이에게 스트레스나 불안 상태가 지속되면 주의력 장애를 가지게 된다.

이렇게 후천적인 상처를 받는 경우는 선천적으로 발달 장애를 가지고 태어난 경우와 다르다. 예민한 아이의 경우 좋은 환경에서 양육하면 자폐와 주의력 장애를 피해가게 된다. 하지만 고위험군임에는 틀림없다. 부모에게 끝없이 매달리기에 이를 다 들어주기 결코 쉽지 않다. 아이에게 맞는 적절한 응답을 지속적으로 받지 못한다면 감각 과민 증상과 주의력의 어려움을 갖게 될 확률이 높아진다. 아이에게는 환경이 매우 중요하다. 그리고 아이를 어떻게 키워야 하는지 배워야 한다고 다카시 박사는 강조한다.

어릴 때부터 신경 써 맞춤 양육해야 한다

또한 임신 기간의 스트레스도 중요한 영향이라는 연구 결과가 많이 발표되었다. 부모가 환경에서 어떤 특성을 가지고 살아 남았느냐도 아이의 유전자 정보에 전달된다. 『육아 고민? 기질 육아가 답이다!』의 최은정 대표는 임신 기간 스트레스로 인한 아이 기질 변화는 좋은 양육으로 다시 되돌릴 수 있다고 말한다.

임신 기간과 그전의 환경까지도 아이의 기질을 형성하는 영향에 포함되다 보니, 선천적으로 발달 장애를 가지고 태어난 아이들이 과연 선천성인지 아니면 후천적인 영향인지 경계가 애매모호한 것이 사실이다. 확실한 것은 아이 불안이 높고 스트레스 처리가 어렵다면, 민감함을 넘어서는 까다로움이라면, 어릴 때부터 신경 써 맞춤 양육해야 한다는 것이다.

나도 자폐 스펙트럼 같은 성향과 주의 집중력이 떨어지는 증상을 가지고 있다. 나는 원래 예민한 기질이지만 자라면서 부작용을 겪은 경우다. 어렸을 때 불우한 환경에서 오랜 가정 폭력과 아동 학대에 시달렸기 때문이다. 원래도 나는 낯을 많이 가리고 내향적인 성향이었다. 하지만 또한 호기심이 많고 활발하기도 해서 내향적이고 외향적인 예민한 사람의 특성을 다 가졌다.

내 예민함이 병적으로 된 것은 사춘기부터다. 안 좋은 환경이 내 어린 시절에 누적되었다. 나는 중학교 3학년 때부터 증상이 더 심해져 사람을 만나는 것이 힘들었다. 눈을 맞추지 못했고 긴장하면 말을 더듬게 되었다. 어쩌다 대화를 해도 정상적으로 생각하며 말하는 게 아니라 충동적으로 반응만 했다. 불안하다는 증거였다. 집에 와서 못 한 말을 되뇌며 이불 킥을 하곤 했다. 적절히 거절하지 못해 불리한 일도 많이 겪었다. 또한 이것저것 관심이 많고 열정이 넘쳤지만 심할 땐 계속 일을 벌이기만 했다. 수습을 못 해 고생한 적이 많다.

이러한 나임에도 내가 예민한 줄 몰랐다. 아이를 키우며 내가 고도 예민에 속한다는 사실을 알고 놀랐다. 아이를 양육하며 나의 내면아이를 대면하고 아이와 같이 나를 키웠다. 그러자 불안 증상이 많이 완화되었다. 또한 나의 기질을 알고 받아들이니 개성이자 잠재력이 되었다. 그 전에는 고치고 극복해야 할 단점이었다면, 이제는 나를 이해하고, 나를 유지하는 선에서, 나에게 맞는 것들을 찾아낸다. 삶이 훨씬 수월해졌다.

예민함은 장애와 다르다. 예민함은 타고나는 기질이다. 다섯 명 중 한 명이 예민한 기질을 가지고 있다. 하지만 일부 예민한 사람들은 부작용을 겪기도 한다. 예민한 사람들에게 장애는 후천적인 환경의 영향이다. 후천적인 것은 보통 애착 장애나 학대 등 안 좋은 환경의 영향을 이야기한다. 하지만 임신 기간의 스트레스도 중요한 원인으로 지목되어 선천적인 것과 후천적인 것의 경계가 애매모호하다. 결과적으로 아이를 반응성과 밀도 높은 애착으로 양육해 아이의 불안이 크게 완화된다면 후천적인 부분이었을 가능성이 크다.

선택의 여지는 없는 것 같다. 어릴 때부터 많은 노력을 기울여야 한다. 그것이 부모 혼자만 애쓰는 것이 되지 않도록, 환경을 조성하는 방법을 뒤에 알려 드리겠다. 불우하게 자란 내가 했으니 여러분도 충분히 가능하다.

아이가 계속 자극 추구를 해요. 어떻게 하면 좋을까요?

'아이가 계속 불빛만 보려고 해요.', '계속 뭔가를 만져요.', '계속 지나가는 자동차만 봐요.', '그만하게 막아야 할지, 아니면 어떤 좋은 방법이 없을지 고민돼요.' 제가 자주 받았던 질문이에요. 저희 아이도 그랬어요. 예를 들어 처음에는 빛을 거부하더니 나중에는 자극을 추구했어요. 눈으로 계속 째려보기도 했어요. 저도 걱정을 많이 했답니다. 아이를 문제로 볼 수도 있었지만 저는 아이의 영재성이라 생각했어요. 발달 장애와 영재 책을 심도 있게 공부하며 놀랐어요. 같은 행동을 발달 장애에서는 문제로 보고 소거시키려 하고, 영재 분야에서는 개발시켜야 하는 잠재된 능력으로 보았어요. 저는 아이를 믿기로 결심하고 아이가 좋아하고 추구하는 것을 다양한 것으로 연결시키려 노력했어요. 아이가 좋아하는 것이 있다는 것을 다행으로 생각하고 함께 확장해보세요. 물론 아이가 발달 장애 진단을 받았다면 담당 선생님의 조언을 듣는 것이 좋아요. 하지만 아직 그 단계가 아니라면 아이를 믿고 조금 더 노력해보세요. 오히려 아이의 발달이 유도되고 즐거움과 성취감으로 빠르게 안정될 테니까요.

예민한 아이들의
6가지 특징

처음 예민한 아이 육아서를 읽을 때 아이의 예민함을 측정하는 항목을 체크했다. 쉽게 놀라는지, 풍부한 어휘를 사용하는지, 완벽주의자인지, 고통에 민감한지 등. 모두 ○라고 체크해서 놀랐던 기억이 난다. 더 놀란 건 아이도 그렇지만 내가 체크한 예민함 측정표도 만점이었다. 내가 예민한 사람이었다니! 35년 살고서야 알았다. 딱 한 번 친정엄마가 이런 말을 했던 기억이 났다.

"네가 예민한 편이기는 하지……."

예민한 아이를 키우며 주변 사례를 관찰하니, 꼭 이러한 항목들을 체크하지 않더라도 예민한 아이인지 확인 가능한 굵직한 특징들이 보였다. 특징들을 마음 깊이 이해하도록 쉽게 풀어본다. 먼저 예민한 기질을 가진 내 아이들이 어떤 특징을 보였는지 이야기해보겠다.

예민한 아이의 6가지 대표적인 특징

나의 아이 둘 다 예민한 기질이다. 보통 첫째가 예민하면 둘째는 순하다고 한다. 솔직히 말하자면 다를 것을 기대하고 둘째를 가졌다. 하지만 둘째 역시 임신부터 남달랐다. 사실 그도 그럴 것이, 남편과 나 둘 다 예민한 기질이다. 남편 집안과 내 집안 둘 다 예민한 기질로 대대손손 살아오고 있다. 이런 둘이 만났으니, 순한 기질의 아이가 나오는 것을 바라는 건 나무에서 물고기를 찾는 것이나 다름이 없었다.

첫째 아이는 낯가림이 굉장히 심했다. 백일 때부터 엄마가 없으면 격하게 울어댔다. 그리고 소머즈 귀다. 조금만 큰 소리가 나면 귀를 막았다. 드라이기, 세탁기, 믹서기 소리에 울곤 했다. 후에 검사를 받고 알았는데, 보통 사람들이 듣지 못하는 소리를 듣는다고 했다. 촉각도 과민해서 옷 갈아입는 것을 거부했다. 시각 자극에 민감해서 햇빛이 들면 무섭다고 울곤 했다. 심해진 17개월부턴 사실상 일상생활이 불가능할 정도였다. 종일 입과 손을 움직이며, 절대 포기하지 않았다. 재우는 데 한두 시간 걸리는 건 기본이었다. 하루 8시간만 자기도 했다. 잘 때 옆에 엄마가 없으면 한 시간마다 잠에서 깼다. 고양이를 하도 좋아해 상대하다 내가 고양이가 될 뻔했다. 격한 울음이 많았지만 격한 웃음도 많아졌다. 세 돌까지 사람들에게 다가가지 않았는데 지금은 사람을 너무 좋아한다.

둘째 아이는 임신 때부터 심장 박동이 굉장히 빨랐다. 초코 우유만 먹으면 배 속에서 점프를 하곤 했다. 어릴 때는 안고 있어야만 울지 않았다. 밤에 한 번 깨면 2~3시간을 울고 쉽게 달래지지 않았다. 성량이 굉장히 크고 쉽게 멈추지 않았다. 울기 시작하면 누가 학대로 신고할까 봐 걱정이 되었다. 덕분에 아파트 경비 아저씨들 사이에 유명 인사가 되었다. 집 안 갑갑한 공기를 싫어해 자주 안고 나갔다. 슬픈 노래가 나오면 힘들어하는 풍부한 감성의 소유자다. 종일 차 이야기만 한다. 종일 놀자고 쫓아다니는 엄마 바라기다. 자극에 굉장히 빠르고 강하게 반응한다.

내 아이들이 다른 아이들과 특히 다른 점이 무엇일까? 내가 보았을 때 첫 번째는 자극 민감성이다. 아이들은 힘든 것이든 좋은 것이든 강하게 반응하고 표현한다. 혹시 드러나지 않더라도 신체 증상으로 나타난다. 내향적인 예민한 아이들은 힘들면 겉으로 표현하지 않아도 심장 박동이 빨라진다든가 회피한다든가 잠들어버릴 수 있다. 자신을 도와달라고 겉으로든 안으로든 온몸으로 발산한다. 이를 포착하는 것이 부모의 노하우다.

두 번째는 잠 문제다. 사실 엄마로서 예민한 아이라고 분류하게 되는 가장 큰 특징은 바로 잠의 어려움이다. 예민한 아이들은 재우기 쉽지 않다. 겨우 재워도 자주 깬다. 사실 아기라면 누구나 잠자기 어려운 시기를 보낸다. 하지만 이 문제가 두 돌 혹은 그 이상까지 계속된다면 예민한 아이라고 보는 것이 맞다.

세 번째는 주 양육자에게 매달리는 성향이다. 아이가 정상적으로 주 양육자와 애착을 형성했다면 아이는 자신의 어려움을 그에게 여과 없이 표현한다. 해소해달라고 계속 요구하게 된다. 만약 아이가 표현하지 않는다면 먼저 애착이 잘 형성되었는지 확인하는 것이 중요하다. 또한 그것이 꼭 부모여야 할 필요는 없다. 누구든지 부모만큼의 혹은 그 이상의 반응적이고 섬세한 양육을 할 수 있으면 된다. 애착을 잘 형성한 아이는 주 양육자의 전두엽을 빌려 자기만의 속도대로 이 세상에 적응한다. 주 양육자의 역할이 크다고 볼 수 있다.

네 번째는 섬세한 지각이다. 미묘한 것을 잘 알아챈다. 아이와 이야기를 나눠보면 쉽게 알 수 있다. 보통 사람들이 알아채지 못하는 것들을 보고 생각하며 이야기하기 때문이다. 다섯째는 새로운 상황에 평균과 다르게 반응하는 것이다. 아이는 새로운 상황에 적응력이 떨어져 보일 수 있다. 가끔 새로운 것에 무조건 돌진하는 예민한 아이들도 있다.

여섯 번째는 남다른 정신적 혹은 신체적 에너지다. 아이는 쉬지 않는다. 늘 뭔갈 하느라 바쁘다. 생각하거나, 움직이거나. 좋아하는 걸 만나면 깊게 몰입하기도 한다.

예민함을 알지 못하는 이유

예민한 아이의 엄마이자 본인도 예민한 기질인 미국 임상심리학자 일레인 아론. 그녀는 『까다롭고 예민한 내 아이 어떻게 키울까』에서 아이의 예민함을 제대로 찾지 못하는 경우에 대해 이야기한다. 민감한 아이들 중 미묘한 것을 알아차리지 않는 케이스도 있는데, 이는 자극에 이끌려 그렇지 않은 것처럼 보이거나 내면 세계에 관심이 많아 겉으로 표현하지 않는 경우다. 쉽게 과잉 자극 받고 과잉 긴장하지만 자신이 좋아하고 잘하는 분야에서는 그렇지 않다. 아이는 다른 사람의 감정을 잘 헤아리지만 자극에 압도되었을 때는 사람들의 욕구를 느끼지 못할 수 있다. 새롭고 위험한 상황에 신중하지만 때로는 모험을 좋아하는 성향 때문에 이러한 신중함이 드러나지 않을 수도 있다.

아론 박사에 의하면 예민한 아이들은 남들과 달라 다른 사람의 이목을 끈다. 예민함은 본인이 그렇게 느끼는 것이 아닌 다른 사람이 보는 방식이다. 예민한 아이들은 남들과 자신이 다르다는 지각을 언젠가는 하게 된다. 아이의 남다름을 부정적인 쪽으로 받아들일 건지, 긍정적인 쪽인 뛰어남으로 받아들일 것인지는 부모의 선택이다.

예민한 아이들은 이 모든 특성을 가질 수도 있고, 일부만 가질 수도 있다. 일부만 가지고 있더라도 아이는 예민한 성향을 가지고 있다고 생각하는 게 맞다. 그렇지 않으면 그 예민한 부분을 옳지 않은 것으로 보게 되기 때문이다.

특히 예민한 아이의 새로운 상황에 평균과 다르게 행동하는 특성에 대해 살펴보자. 새로운 것과 무서운 것에 조심성이 많은 것은 '위험 회피' 기질과 연관되어 있다. 이 위험 회피 기질을 가진 아이는 내향적인 성향을 갖는다.

그런데 예민한 아이들 중 외향적인 아이들도 있다. 이 위험에 조심하는 성향과 상반된 '자극 추구' 기질을 가진 경우다. 자극 추구 기질을 가진 외향적인 예민한 아이들은 마치 예민하지 않은 것처럼 보인다. 새롭고 두려운 것에 돌진하고 즐기는 것처럼 보이기 때문이다. 하지만 이러한 아이들이 새로운 것에 일일이 반응하는 것 또한 자극을 모두 강하게 인식하기 때문이다. 이를 알아보는 부모의 눈이 중요하다.

그리고 이러한 내향성과 외향성을 둘 다 가진 사례가 있다. 이들은 어릴 때 더욱 집중하기 어렵고 스트레스에 취약하다. 각각 다른 두 기질 시스템이 충돌하기 때문이다. 하지만 이 시기를 잘 보내면 두 기질의 장점을 다 가지게 된다. 부모의 인내만이 답이다.

이런 예민한 아이들과 달리 순한 기질의 아이들은 어떤 특징을 가질까? 순한 아이들은 쉽게 진정된다. 감각 자극에 그리 빨리 과도하게 반응하지 않는다. 잠을 잘 잔다. 모유 수유 텀이 잘 지켜진다. 아이와의 생활은 규칙적이고 예측이 가능하다. 아이는 즐겁고 웃음이 많다. 새로운 시도를 평안히 받아들인다. 혼자서도 잘 논다. 요구를 잘 수용한다.

엄마 Y가 키우는 순한 기질의 두 돌 아이도 그러한 특징을 갖는다. Y는 오늘 아쿠아리움에 놀러갔다. 아이는 카시트에 잘 앉아간다. 차가 좀 막혀도 방실방실 잘 웃는다. 나중에 조금 칭얼대기에 공감을 물려 해결했다. 드디어 도착했다. 처음 오는 곳이지만 그리 거부하지 않는다. 두리번거리며 호기심을 드러낸다. 아이가 조금 움직이고 싶어 하지만 유모차에 앉혀놓으니 또 잘 앉아 있다. 아이스크림을 사달라고 조르는데 출발 전 하나 먹어서 안 된다고 말한다. 아이는 금세 수긍하고 다른 것에 관심을 보인다. 엄마는 오늘 아이와의 아쿠아리움 관람이 즐거웠다. 물론 아이를 데리고 다니는 것은 결코 쉬운 것이 아니다. 하지만 이렇게 조금 더 신경 써서 아이와 많이 다녀야겠다고 생각한다. 아이는 피곤했는지 밤에 깊은 잠이 들었다.

순한 아이는 정말 순하다. 이 말에는 많은 의미가 포함되어 있다. 예민한 아이와 정말 다르다는 뜻이다. 거꾸로 순한 아이 엄마들이 예민한 아이를 한 시간만 돌보면 정말 순한 자신의 아이와 다르다고 느낄 것이다. 내가 아는 둘째를 낳은 많은 엄마가 순한 둘째를 낳아보니 정말 예민한 첫째와 다르다고 말한다. 육아가 하늘과 땅 차이라고 말한다. 첫째를 키울 때 기질을 인정하지 않던 엄마도 정말 다른 둘째를 낳고 그제야 기질을 인정하는 사례도 많다. 정말 다르다는 게 공통적인 의견이다.

많은 부모가 내 아이가 예민한 아이가 맞나 궁금해한다. 이미 내 아이가 예민한 아이가 맞나 하는 의문이 든다면 대부분 예민한 아이가 맞다. 예민함을 인정하면 예민함을 장점으로 이끄는 방법을 알게 된다. 빠르게 받아들이고 빠르게 방법을 찾는 것이 좋다. 예민한 아이를 위한 양육은 그렇지 않은 아이와 하늘과 땅 차이이기 때문이다.

나는 예민한 아이가 가진 특징을 엄마가 겪는 힘듦을 기준으로 여섯 가지로 분류해보았다. 첫 번째는 자극 민감성, 두 번째는 잠 문제, 세 번째는 엄마 껌딱지 성향이다. 네 번째는 섬세한 지각, 다섯 번째는 새로운 자극에 대한 반응, 그리고 여섯 번째는 에너지다. 이는 순한 아이들의 기질과 다르다. 80퍼센트에게 맞는 육아는 잠시 내려놓고, 내 아이에게 맞는 육아를 하자. 새로운 방법을 찾는 것이 좋다.

난 특별한 보살핌이 필요한 아이예요

엄마와 눈을 맞추며 옹알거리던 아기가 삐쭉삐쭉하더니 갑자기 "으앵~." 하고 울음을 터뜨린다. 엄마는 분주해진다. 어르고 달래며 아기가 원하는 것을 준다. 이처럼 아기들은 모두 특별한 보살핌이 필요하다. 일정 시기 그렇다. 그런데 예민한 아이들은 훨씬 섬세하고 특별한 보살핌이 필요하다. 좀 더 오랫동안 그렇다. 아이가 도움을 요청하는 데는 이유가 있다. 부모를 이용하려는 것이 아니다. 아직 그 정도로 뇌가 발달하지 않았다. 아이는 본능적으로 생존을 위해 행동할 뿐이다.

특별한 보살핌을 원한다면 해주어라

좀 더 특별한 보살핌이 필요한 이유 중 하나는 아이가 자극을 받아들이는 방식 때문이다. 다른 사람들에게 1로 오는 자극이 아이에게는 5배에서 10배까지 강하게 올 수 있다. 우리가 일상에서 경험하는 작은 자극들이 아이에게는 천둥과 번개처럼 느껴진다. 이는 불안의 요소가 되기도 한다. 또 다른 이유는 낯설고 잘 해낼 수 없기 때문이다. 세상은 낯설고 내가 할 수 있는 것이 많이 없는 아이는 자연스레 어른에게 도움을 요청하게 된다. 만약 어른이 비슷한 상황에 처해도 마찬가지로 행동할 것이다. 아이의 대소근육이 발달하고 익숙한 것들이 많아지면, 그 과정에서 충분한 감정 코칭을 받았다면, 아이는 감정을 다스리고 앞으로 나아갈 방법을 알게 된다.

첫째는 첫날부터 남다르게 울었다. 자신이 조금만 힘들어도 그걸 표현하는 능력이 뛰어났다. 처음에는 힘들어 내 신세 한탄만 했다.

"아기가 너무 울어요. 하루 종일 엄마에게 매달려요."

이런 식이었다. 그런데 곰곰이 생각하며 아이를 보니, 엄마에게 꼭 필요한 도움을 요청하는 것이라는 생각이 들었다. 모든 것엔 이유가 있을 터였다. 어떤 엄마가 아이가 그리 울며 요구하는데 무시할 수 있을까. 당연히 본능적으로 아이의 요구에 응하게 됐다. 내가 아이의 요구에 적절히 응하자 아이는 엄마 껌딱지가 되었다. 엄마만 있으면 모든 게 가능하니 엄마는 우주가 된 것이다. 엄마가 있으면 모든 게 괜찮지만 엄마가 없으면 하늘이 무너졌다. 어떤 사람들은 나를 비난했다. 엄마가 맞춰줘서 그렇다고.

그럼 엄마가 잘해주지 말아야 하나? 끈끈한 애착을 거부하면서까지 태어나자마자 험난한 세상에 적응부터 해야 하나? 대답은 No. 주 양육자와 끈끈한 애착을 형성하는 것이 먼저다. 가능만 하다면 그건 축복이다. 주 양육자는 아이에게 세상이다. 세상을 신뢰하는 만큼 자신을 신뢰하게 된다. 세상에 적응하려면 그다음 단계를 하나씩 거치면 된다. 그게 어렵다고 끈끈한 관계를 형성하지 말라는 건 두려움이자 질투다.

둘째도 그런 면에서 다르지 않았다. 자신이 불편한 것을 온몸으로 알렸다. 나는 작은 몸짓과 눈빛에도 섬세하게 반응해주었다. 당연히 엄마 껌딱지가 되었다. 사실 둘째 육아는 첫째 육아와 달랐다. 첫째를 돌보며 하다 보니 첫째 때만큼 하지 못했다. 그래서 아이는 더 많이 기다려야 했다. 더 많이 울었다. 더 많이 힘들었다. 하지만 아이는 포기하지 않았다. 엄마가 자기를 바라봐줄 때까지 울었다. 시간이 걸려도 결국 화답하는 나에게 아이는 믿음을 가졌다.

사람들은 아이에게 포기하는 법을 가르치라고 한다. 하지만 반대로 아기는 결국 이루어지는 경험을 해보아야 한다. 포기하는 법이 아니라 조절하는 법을 가르쳐야 하는 것이다. 그러면 아이는 인내하고 다른 방법을 찾는 법을 배우게 된다. 어른들에게 포기하라고 가르치는 사람이 누가 있는가? 꼭 배워야 하는 건 포기가 아닌 실패다. 그 감정을 조절해서 다른 쪽으로 풀어내는 방법을 배우는 것이다. 아이에게 포기를 가르치지 말라. 세 살 버릇이 여든 간다.

엄마의 한계를 인식하고 도움을 찾는 방법

아이가 특별한 보살핌을 원한다면 그 요구를 들어주어야 한다. 물론 엄마가 매일같이 붙어 24시간을 쉬지도 않고 아이를 보살필 수는 없다. 예민한 아이 중 엄마가 그렇게 해주기를 바라는 케이스도 있는데 그건 불가능하다. 이 경우는 점진적으로 차근차근 엄마의 한계를 가르쳐야 한다. 결국 보면 엄마의 생존이 곧 아이의 생존이기 때문이다.

중요한 건 내가 할 수 있는 한계 안에서 요구를 들어주어야 한다는 것이다. 내가 들어줄 수 있는 상한선이 어디까지인지를 인식하는 것이 중요하다. 내가 어느 시점부터 화가 나는가? 어디까지 노력하면 화를 내게 되는가? 이를 알면 미리 방지하게 된다. 어쩔 수 없이 겪어야 하는 상황이라면 마음의 준비를 하고 방법을 찾아 부작용을 줄여야 한다.

　예민한 아이는 절대 혼자서 키울 수 없다. 사람들이 필요하다. 남편이든 친정엄마든, 돈을 주고 고용한 도우미든 아니면 비슷한 기질의 아이를 키우는 동네 엄마든 꼭 사람들과 함께 키워야 한다. 절대 혼자서는 불가능하다. 나는 첫째 때 내가 다 하려고 했다. 사실 그럴 수밖에 없는 상황이기도 했다. 다행히 남편이 일을 그만두고 조금 도와주었다. 그 대신 정말 많이 싸웠다. 뭐가 잘한 건지 모를 상황이었다. 남편이 도와주는 만큼 많이 다투는 게 나은지, 아니면 내가 혼자 하지만 불편하더라도 돈으로 사람을 고용하는 게 나은지. 사실 사람을 고용하기도 했었다. 그런데 다들 아이를 상대하다 일찍 그만두고 말았다. 첫째 때도 그랬는데 둘째 때도 그랬다.

　나는 독박으로 아이를 키우다 너무 힘들어서 이런저런 모임에 나갔다. 나는 아이 낳기 전 굉장히 내향적이며 사회성이 떨어졌었다. 그런 내가 몸을 움직여 사람을 찾아다니다니. 그건 정말 발등에 불 떨어진 상황이기 때문에 가능했다. 나는 죽기 일보 직전이었다. 문화센터에서는 아이가 과자극을 받아 힘들어하고 나도 지쳤다. 대신 종교 단체에서 운영하는 아기학교, 자연 활동을 하는 숲 체험에 다녔다. 2년을 그리 해보니 긍정적인 변화가 있었다.

　그래서 나중에는 내가 직접 모임을 만들었다. 너무 힘들어 반 미쳤던 어느 날이었다. 활동하던 카페를 통해 놀이 모임과 숲 놀이를 만들었고, 운영하며 엄마들을 만났다. 아이들은 기질이 수용되는 그룹에 있는 것만으로 많이 성장했다. 엄마들도 큰 위안을 받았다. 그때 받았던 수많은 감사 댓글과 톡을 잊지 못한다. 첫째 때는 우여곡절을 겪고 방법을 찾아나갔는데, 둘째 때는 이미 환경이 세팅되어 있으니 육아가 훨씬 쉬웠다. 이를 많은 엄마들에게 알려주고 싶었다. '아, 내가 앞으로 가야 할 길이 이거구나.'라는 생각이 들었다.

엄마 P 역시 예민한 기질을 가진 아이를 낳았다. 아이는 많이 울었으며 밤이면 특히 엄마의 도움을 필요로 했다. 하지만 엄마는 아이의 요구에 응하지 않았다. 순한 기질의 아이들을 위한 육아서를 읽었으며 그걸 신뢰하고 따랐다. 주변 엄마들의 조언도 한몫했다. P는 아이가 포기하는 법을 배워야 한다고 생각했다. 아이가 울면 응하지 않았다. 엄마에게 매달려도 안아주지 않았다. 너무 힘들어 어린이집에 보냈다. 아이는 1년을 아침마다 울며 어린이집에 등원했다. 가서도 쉽게 진정되지 않았다. 때가 되면 적응할 거라고, 엄마의 시간이 필요하다고 마음을 굳게 먹었다.

아이는 결국 포기하는 법을 배웠다. 힘들어도 엄마에게 요구하지 않았다. 엄마는 드디어 아이가 순해졌다고 이 양육 방식이 옳았다고 믿게 되었다. 주변에 내가 옳다는 것을 전파했다.

그러다 어느 날 기관에서 아이가 사람들과 눈을 맞추지 않고 혼자만의 세계에 빠지는 일이 잦다는 이야기를 들었다. 아이의 발달이 조금 느렸는데 불현듯 걱정이 되었다. 선생님의 조언대로 검사를 받았는데 자폐 스펙트럼 위험 소견을 받았다. 엄마는 내가 했던 양육이 과연 옳았던 것이었는지 죄책감에 눈물이 났다. 누굴 원망해야 할지 몰랐다.

예민한 아이의 기질을 이해하고 그에 맞는 육아를 하는 것은 굉장히 중요하다. 아이의 요구가 지속적으로 수용되지 않으면 아이는 애착에 문제가 생긴다. 주 양육자에게 더 이상 요구하지 않게 된다. 또한 자신의 힘듦을 풀어내는 방법을 배우지 못한다. 사회에서 자신의 기질을 어떻게 발현해야 할지도 모른다. 이런 경우 후천적인 발달 장애를 겪게 될 확률이 높다. 정확히 말하자면 기질에 애착 장애가 더해져 부작용을 겪는 것이다. 아이 발달의 골든 타임에 이러한 일을 겪으면 오랜 시간 이를 해결하기 위해 고생하게 된다. 부모 혼자만의 힘으로는 어렵고 치료를 받아야 빠른 회복이 가능해진다.

미국의 저명한 소아과 의사인 시어즈 박사 부부는 웹사이트 'Raising a High Needs Baby'에서 예민한 기질인 헤이든의 이야기를 전한다. 그들은 아이 셋을 훌륭히 키우고 있었다. 그리고 넷째 딸 헤이든이 태어났다. 헤이든 전에 태어난 아이 셋은 모두 순한 기질의 아이들이었다. 잠을 잘 잤다. 모유 수유가 규칙적이고 수월했다. 부부의 리드대로 모두 잘 따라와 주었고 육아 효능감을 한껏 높여주었다.

　하지만 헤이든은 태어난 지 이틀째부터 부부의 에너지를 소진시켰다. 엄마인 마샤가 하루 종일 안아주길 바랐다. 엄마 가슴에 강하게 집착했다. 수유텀이 전혀 없었다. 밤에도 그 고통은 이어졌다. 아이 셋을 다 성공적인 수면으로 유도했던 마샤였음에도 헤이든에게서는 떨어질 수가 없었다. 엄마도 잠을 자기 위해 결국 아이와 함께 자기를 선택했다.

　아이와 부부가 같이 잠을 잔다는 건 시어즈 박사가 사는 영미 문화권에서 흔치 않은 행동이었다. 이렇게 방식을 바꾸니 헤이든은 비로소 잠을 좀 잤다. 마샤도 마찬가지였다. 마음을 열고 아이의 욕구에 빠르게 반응해 충족시켜주자 많은 것들이 해결되기 시작했다. 좀 크고 안정되면서는 반응의 속도와 강도를 낮추었다. 좌절 교육으로 실패를 가르쳤다.

　헤이든은 어떻게 자랐을까? 헤이든은 또래들과 어울리며 '두목'이라고 불리곤 했다. 아이들은 헤이든에게 쉽게 집중했다. 사람들의 이목을 모으는 데 천부적이었다. 포기하지 않고 부모를 설득하던 그 에너지는 아이들을 자기편으로 만드는 당당함과 열정으로 전환되었다. 헤이든의 강한 요구는 자라면서 다른 종류로 바뀌었을 뿐이었다. 아이의 기질 자체는 변하지 않았다. 그런데 이 기질을 긍정적인 쪽으로 사용하며 개성이 꽃을 피웠다. 아주 어릴 때부터 감수성이 남달랐다. 배려심이 높고 정의감이 탁월했다. 사람들과 관계를 맺는 능력이 아주 특별했다. 절대 주눅 들지 않고 자신감이 높았다. 어떤 상황에서도 사람들에게서 장점을 찾아냈다. 부부가 헤이든에게 그랬듯이.

육아의 시행착오를 좀 겪기는 했지만 아이의 있는 그대로를 사랑하고 아이에게 필요한 부분을 채워주길 잘했다는 생각이 들었다. 시어즈 박사 내외의 관계는 더욱 성숙해졌다. 사랑을 넘어선 전우애였다. 지난 힘들던 시기를 이야기하며 부부는 미소 짓는다.

많은 전문가가 예민한 아이를 키운다면 아이를 조금 더 오랜 기간 이해하고 보살피라고 이야기한다. 채널 A 〈금쪽같은 내 새끼〉에서 오은영 박사는 아이들이 기질을 원인으로 잘 자지 못하면 엄마에게 다르게 조언한다. 아이가 덜 불안해할 때까지 옆에서 지켜주라고 말이다. 엄마들이 시행착오를 겪는 이유 중 하나는 많은 육아서가 순한 아이들을 기준으로 육아법을 가르치기 때문이다. 예민한 아이 엄마는 예민한 아이를 키워본 사람에게 조언을 얻어야 한다. 물론 예민한 아이가 안정되어 기질을 잘 다루게 되었다면 그때부턴 일반 육아서를 더 참고해도 괜찮다.

이렇듯 순한 기질 아이 육아와 예민한 아이 육아가 다르기 때문에 곧이곧대로 따라하지 말라는 것만 알면 되는데, 그걸 몰라 이리 부작용을 겪으니 너무 안타깝다. 사실 나도 처음엔 베스트셀러 목록에서 육아서를 골랐다. 순한 기질의 아이를 위한 책들을 많이 읽었다. 예민한 아이 책을 읽게 된 건 아이를 좀 키우고 나서다. 그나마 좋은 책들은 기질을 고려한 파트 하나 정도는 꼭 넣어놓는다. 예민한 아이라면 이렇게 해야 한다 정도가 한마디는 들어가 있다. 육아서를 고르는 법도 배워야 한다. 걸러들을 것은 걸러듣고 나에게 맞는 정보를 취하는 법을 알아야 한다.

아기들은 모두 보살핌이 필요한 존재다. 인간의 아기는 동물과 달리 혼자 움직이지도 먹지도 자지도 못한다. 이는 진화로 인한 뇌 발달의 필수적인 부분이다. 그런데 더더욱 오랜 기간 도움이 필요한 아기들이 있다. 그걸 온몸으로 표현하는 아이들을 예민한 아이라 부른다. 예민한 아이들은 가장 귀한 것을 요구한다. 주 양육자의 헌신과 사랑, 시간이 그것이다. 아이들에게 그들이 원하는 보살핌을 주자. 아이를 안고 달래며 잘 잘 때까지 기다려주자. 웃고 터치하여 매일 깔깔 웃도록 놀이하자. 그리고 아이에게 맞는 사회적 환경을 포기하지 말고 끝까지 찾자. 그러면 아이는 가장 귀한 것으로 세상에 환원할 것이다.

예민한 아이를 위한 기관, 어떻게 선택하는 것이 좋을까요?

꼭 방문하고 결정하세요. 그때 아이를 같이 데려가면 아이가 가장 정확한 반응을 줍니다. 아이가 좋아하고 즐거워하면 좋은 기관일 확률이 높습니다. 그런데 아이가 징징대고 빨리 나가고 싶어 하면 맞지 않는 곳입니다. 그리고 아이 기질에 원장 선생님이나 담임 선생님 될 분이 어떻게 대처하는지를 보세요. 아이에게 맞는 기관을 찾으려 발품을 최대한 파세요. 꼭 한두 개는 아이에게 맞는 곳이 나옵니다. 또한 기관을 좀 더 넓게 생각하세요. 놀이학교 같은 사립시설도 후보에 들어갈 수 있습니다. 그리고 보통 어린이집보다는 유치원에 잘 다니는 예민한 아이들이 많다는 것도 잊지 마세요.

06

아이가 예민한 건 결코 부모의 잘못이 아니다

엄마 O는 오늘도 시댁에 갔다가 한소리를 들었다. 시댁만 가면 울고 떼쓰는 아이가 원망스럽다. 아이가 싫어하는 걸 알면서도 자꾸 들이대기만 하는 시댁 어른들께 화가 난다. 아이는 엄마에게만 매달리고 전혀 다가가지 않았다. 아이에게 맞춰주니 이렇게 아이가 예민하다는 이야기를 또 들었다.

처음엔 흘려들었는데 자꾸 들으니 그 말이 맞는 게 아닌가 생각하게 된다. 힘들고 화나서 저녁에 맥주 한 캔을 땄다. 한 모금 마시려는데 아이가 자다 깼다. 나는 대체 언제 편안히 쉴 수 있는지, 폭발하기 일보 직전이다.

예민함은 유전자에 새겨져 있다

예민한 아이를 키우는 부모들은 자신감이 떨어진다. 더불어 의욕도 나지 않는다. 부모가 스스로 아이를 잘 키운다고 생각하는 것을 '양육 효능감'이라 한다. 예민한 아이 부모는 이 양육 효능감이 땅굴을 파고 들어가기 쉽다. 그러면 자연스럽게 아이에게도 그 감정이 전달된다. 부모들에게 가장 필요한 것은 사실 정서적인 지지다. 이러한 낮은 효능감이 거듭되면 만성 죄책감에 시달린다. 매일의 일과를 봐도 그렇다. 아이가 울고 짜증 낼 때 자기도 모르게 화를 내거나 참다가 욱하게 된다. 아무리 노력해도 잠을 자지 않으면 폭발 일보 직전이 된다. 잠이 부족하면 누구나 괴물이 된다. 생존의 문제로 넘어가는 것이다. 예민한 아이 부모도 사람이기에 그렇게 반응할 수 있다.

그나마 아이가 잠들었거나 누가 좀 도와줄 때 정신이 돌아온다. 내가 한 행동들이 너무 후회되고 죄책감이 든다. 매일 밤 예민한 아이 부모는 가슴을 친다. 또한 아무리 노력해도 아이는 예측하기 어렵고 잘 웃지 않는다. 주변의 반응도 도움이 되지 않는다. 어디 가면 다들 아이 반응을 보며 부모 탓을 한다. 부모가 맞춰줘서, 자꾸 안아줘서, 울음에 반응해서, 쩔쩔매서, 지금처럼 키워서 그렇다고, 하나도 도움이 되지 않는 조언을 한다. 평소 죄책감에 시달리던 부모는 이 말에 더욱 수긍하기 쉽다. '내가 그래서 아이가 그렇구나'라고 생각하며 최초 원인인 기질적 어려움을 잊고 모두 자기 탓으로 돌리게 된다.

나 또한 예민한 내 아이를 보며 이 모든 상황이 나의 잘못인 듯 느껴졌다. 내가 잘못한 모든 것들이 떠올랐다. 특히 나를 괴롭힌 건 내가 임신 때 겪은 스트레스였다. 가장 첫 번째는 습관성 유산 병력이었다. 나는 아이를 또 잃을까 봐 전전긍긍했었다. 아이를 임신하고 좋은 꿈을 굉장히 많이 꾸었다. 주변에서도 이번만큼은 잘될 거라고 이야기했다. 하지만 유산을 6번이나 했다 보니 두려운 건 어쩔 수 없었다. 그나마 다행인 건 나는 나의 두려움을 인정했었다. 하지만 친정엄마와의 불화가 있었다. 내가 두렵다 보니 원래도 안 좋았던 친정엄마와의 관계가 더욱 어긋난 것이다. 남편과 떨어져 친정엄마와 잠시 지내는 기간 정말 많이 힘들었다.

그나마 다행인 건 내가 정말 좋아하는 일을 했다는 것이다. 학교를 다니며 공부하는 게 너무 즐거웠다. 그리고 매일 운동했다. 한 시간씩 걸어 건강도 체력도 좋았다. 아이도 건강했다.

그럼에도 아이를 키우며 내가 잘못한 것만 떠올랐다. 그리고 시험관 시술로 가진 아이라 그런가 하는 생각도 들었다. 다행히 자연 임신된 둘째도 예민한 기질로 태어나면서 이런 의심은 싹 사라졌다. 나중에는 나와 남편이 굉장히 예민한 기질이라는 걸 알게 되었다. 나와 남편 집안도 어머니 아버지도 모두 마찬가지였다.

예민한 아이 육아법

예민함은 타고나는 것이다. 무에서 유가 창조되지 않는다. 유에서 유가 더해지는 것이다. 만약 임신 때 스트레스에 너무 시달려서 후천적인 부분을 의심한다고 치자. 순한 아이들은 엄마가 좀 스트레스를 받았어도 순하게 태어난다. 예민한 기질의 아이들은 원래 있는 것에 더해져 더 예민하게 태어나는 것이다. 후천적인 부분도 있지만 가장 최초의 원인은 원래 유전자에 각인된 예민한 기질이라고 보는 것이 옳다. 『예민한 게 아니라 섬세한 겁니다』의 저자인 뇌과학자 다카다 아키카즈는 이렇게 말한다.

"예민함은 기질이다. 타고나는 것이다. 성별이나 키, 머리카락 색 등과 마찬가지로 유전자에 새겨진 정보다. 즉, 예민한 사람과 그렇지 않은 사람은 유전자가 다르다."

그는 미국 심리학자 제롬 케이건의 실험을 언급한다. 조심성 많은 아이는 스트레스 여부와 상관없이 침 속의 코르티솔 양이 보통 아이보다 높았다. 또 조심성 많은 아이는 그렇지 않은 아이에 비해 우뇌의 활동이 활발했다. 그는 예민함은 후천적인 성격이 아니라 태어날 때부터 존재하는 유전자에 새겨져 있는 것이라 설명한다. 그것이 도태되지 않고 지금까지 이어져왔다는 것은 그럴 만한 가치가 있었기 때문이다.

예민한 아이 육아는 환경에 좌우된다

환경의 영향도 무시할 수 없다. 나는 처음에 내가 다 하려고 했다. 하지만 가능하지 않았다. 나 혼자 독박으로 예민한 아이를 키우는 것은 불가능했다. 처음에는 남편의 도움을 받았다. 나는 처음에 너무 힘들어 자주 병이 났다. 안면 마비가 왔으며, 허리를 다쳤고, 손목이 나갔다. 스트레스성 두드러기로 고생했다. 계속 살이 쪘다.

내 설득으로 남편은 결국 일을 그만두고 아이를 함께 돌보았다. 평소 자신과 맞지 않는 일이라며 힘들어하던 남편이라 윈-윈이 될 거라고 생각했다. 그런데 그게 더 발목을 잡았다. 남편이 금전적인 스트레스를 받자 가족에게 힘듦을 표현하기 시작한 것이다. 우리 부부는 싸움이 잦아졌다. 나는 남편의 도움 말고 다른 도움을 찾아야만 했다.

각종 활동에 참여했다. 나중에는 내가 모임을 만들었다. 놀이터에 갈 때도 아이의 컨디션에 따라 각각 다른 종류의 놀이터를 골라 다녔다. 기관을 선택할 때도 수십 군데를 알아보고 뒤져 방문하고 아이 반응이 가장 좋은 곳을 골랐다. 내가 아이에게 직접적으로 노력한 것 이상으로 맞는 환경을 찾으려고 노력했다. 친정 부모나 남편의 도움을 받지 못해 더욱 그랬다.

그런데 그 환경이 그렇게 큰 영향을 발휘할 줄 몰랐다. 점점 나의 노력은 줄고 좋은 환경이 나 이상의 몫을 해주기 시작한 것이다. 나의 노력도 대단했지만, 환경의 역할은 곱절 이상이었다. 아이에게 좋은 영향을 끼친 것뿐만 아니라 나에게도 긍정적인 영향을 끼친 것이다.

나는 자신 있게 말할 수 있다. 예민한 아이 육아는 환경이 좌우한다고. 부모의 역량 또한 환경에 따라 좌우되기 때문이라고. 우리는 눈을 돌려 조금 더 큰 그림을 보아야 한다. 예민한 아이 육아에서 부모의 짐을 반 덜고 환경으로 그 짐을 반 옮겨야 한다. 그러한 환경을 고르는 노하우를 배우면 된다.

브론펜 브레너의 생태학적 체계 이론은 양육에서 환경의 영향을 중시한다. 보통 부모와 가정을 가장 중시한다. 하지만 이 이론에서 가정은 아이가 접하는 하나의 환경일 뿐이다. 아이가 어릴 때는 가정의 역할이 가장 크다고 생각하기 쉽다. 하지만 가정이 가정 단독으로 존재하는 것이 아니다. 부모가 겪는 사회적인 상황이 가정 분위기에 영향을 끼친다. 부모가 만나는 사람들도 마찬가지다. 집의 위치에 영향을 받기도 한다.

가정뿐만 아니라 가정에 영향을 주는 다른 요소들을 고려해야 한다. 예를 들어 기관, 병원, 놀이터, 교회 등이 가정에 영향을 끼치는 사회적 요소일 수 있다. 나아가 대중매체, 지역사회 등 좀 더 넓은 의미의 사회도 영향을 끼친다. 이들과의 관계도 중요한 환경 요소이다. 더 넓게는 나라, 가치, 이념 또한 환경에 포함된다.

부모에게만 집중하는 현 세대의 방식은 그간 부작용을 많이 낳았다. 이는 부모들에게 호소해야 반응이 있었고, 상업적인 이득을 더 많이 얻었기 때문이다. 지각 있는 부모라면 이를 알고, 흘려들을 부분은 흘려들으며, 보다 적극적으로 환경을 설계해야 한다.

내 아이가 왜 이렇게 예민할까 생각이 든다면 후천적으로 더해진 부분도 고려해야 한다. 아이를 임신했을 때 환경은 어땠는가? 아이를 낳을 때 무슨 일은 없었는가? 받아들이기 힘든 것을 안다. 하지만 알아야 한다. 그래야 방법을 찾기 때문이다.

또한 설령 후천적인 영향이 있었다고 해도 절대로 부모 탓이 아니다. 후천적인 부분이 있다면 그것은 양육으로 나아질 수 있다. 노력하면 보통 두 돌에서 세 돌, 늦으면 일곱 살을 기점으로 많은 부분 좋아진다. 그리고 후천적인 부분, 그것은 부모가 잘못한 것이 아닌 환경의 영향이 크다. 부모는 자랄 때 어떤 환경에서 자랐는가? 왜 임신과 출산 때 그런 환경에 처했는가? 그리고 만약 아이를 키우기 너무 힘들다면 현재 환경은 어떠한가? 우리는 환경의 영향에 주목할 필요가 있다. 우리가 겪은 당연하게 생각했던 모든 환경이 현재의 상황을 만들었을 뿐이다. 바꿔야 할 부분이 있다면 바꾸어야 한다. 아이를 위해서. 그러면 많은 것들이 재조정된다.

아이가 예민한 것은 결코 부모의 잘못이 아니다. 누가 대체 부모 탓을 하는가? 그렇게 말하는 사람이 있다면 몰라도 한참 모르는 것이다. 먼저 기질의 영향이 가장 크다. 예민한 기질은 타고나는 것이다. 만들어치는 것이 아니다. 그리고 그 예민한 기질은 환경에 따라 양육 결과가 달라진다. 부모는 그 양육 환경의 일부이자 구성원일 뿐이다.

하지만 아이를 키우는 총 책임자로서의 책임을 묻는다면 또 얘기가 달라질 것이다. 그래서 전적으로 부모의 잘못이라고 말할 수 없지만, 부모의 역할은 중요하다. 오랜 세대를 걸쳐 내려온 방식을 바꾸는 것은 굉장한 노력과 열정이 필요한 일이다. 흔히들 이를 대물림을 끊는다고 표현한다. 당신은 대물림을 끊을 운명을 가지고 태어났다. 그래서 이 책을 만난 것이다. 너무나 큰 운명에 두려워하지 말자. 나와 함께하면 가능하다. 왜냐하면 내가 대물림을 끊어냈으니까.

07

예민한 아이의
아주 특별한 비밀

사람들이 보통 어떤 사람을 보며 "예민하다."라고 말한다면 그 말은 부정적인 의미일 것이다. 하지만 '예민'이라는 말을 사전에 찾아보면 긍정적인 의미가 첫 번째로 나온다. 네이버 사전에 검색해보자. 가장 먼저 이 설명이 나온다.

"무엇인가를 느끼는 능력이나 분석하고 판단하는 능력이 빠르고 뛰어나다."

상대가 과민한 행동을 보여 힘들 때는 '까탈스럽다.'라는 표현을 쓰는 것이 더욱 맞다. 그리고 사실 예민함은 재능이다. 대한민국 육아 권위자 오은영 박사는 자신의 타고난 예민함이 아이들의 마음을 읽고 대처하는 데 큰 기여를 했다고 말한다. 그리고 나의 경험으로도 그렇다.

예민한 기질의 단점은 장점으로 승화된다

예민한 기질의 내 아이를 열심히 키웠다. 최선을 다해 육아했다. 매일 공부했으며 내 모든 것을 내어줬다. 내가 내 아이의 전문가라는 것에 일체의 의심도 없었다. 아이는 긍정적으로 자랐다. 아이가 가진 모든 예민해서 힘들었던 부분이 좋은 쪽으로 발현되었다. 너무나 힘들었던 낯가림은 조심성으로 승화되었다. 감각 민감은 예술성으로 빛났다. 끝까지 포기하지 않던 기질은 인내와 끈기로 변했다. 엄마 껌딱지는 사람을 좋아하는 성향이 되었다. 아이의 기질은 그대로였지만 성격 검사를 하면 많은 부분 점수가 높게 나왔다. 어디서 상담을 받아도 칭찬받았다. 기관에서도 아이는 놀이를 리드하며 빛을 발했다. 얼마 전 『푸름아빠 거울육아』 책을 읽으며 '무한계 아이' 항목을 보니 대부분 해당된다는 것을 알았다.

아이는 영재가 되었다거나 엄마표로 성공했다거나 하진 않지만, 아이는 본연의 모습 그대로 자랐다. 원할 땐 마음껏 웃고 마음껏 울기도 한다. 부족하고 한계가 있으면 인내할 줄 알며 그래도 하고 싶은 건 방법을 찾아낸다. 무엇보다 매 순간순간을 즐기며 살아간다. 존재감 충만하게 사랑받았으며 행복한 아이 그 자체가 되었다. 우리 둘째에겐 첫째만큼 신경 쓰지 못했지만 첫째의 이런 모습을 닮아가고 있다. 자신의 기질 자체를 이해받으며 특성 그대로 행복하게 자라난다. 첫째를 어느 정도 해놓으면 둘째는 쉽다는 말이 맞다. 나는 1층에서 10층 간 것은 아니지만 지하 20층에서 1층으로 올라왔다.

예민한 기질의 단점은 장점으로 승화된다. 따라서 예민함은 일차원적으로 좋고 나쁘고를 논할 수 없다. 하나의 특성일 뿐이다. 모든 특성에는 장점과 단점이 존재하기 마련이다. 예를 들어 순한 기질의 아이는 행복감을 쉽게 느낀다는 장점이 있다. 하지만 이러한 행복함을 쉽게 느끼는 기질은 사회적 둔감성으로 왕따 확률이 높아진다는 연구 결과도 있다. 예민한 기질의 아이는 감정의 기복이 심하다는 단점이 있다. 하지만 이 감정 기복이 심한 부분은 그만큼 세상을 다채롭게 느끼며 매 순간 삶의 감동이 남다르다는 뜻이 된다.

모든 것에는 이렇게 양면성이 있다. 이를 다루는 가장 좋은 방법은 장점에 집중하는 것이다. 그리고 단점으로 인한 최악의 상황은 미리 알고 예방하는 것이 좋다. 국제 포커 대회에서 좋은 성적을 올렸던 프로와 아마추어의 공통점은 둘 다 긍정적이었다는 것이다. 하지만 프로와 아마추어의 차이는 사소한 것에서 결정 났다. 그 사소한 차이는 최악의 상황을 예방하는 것이었다고 한다. 예민한 아이의 기질이 장점으로 승화될 것을 믿자. 그리고 최악의 상황은 미연에 방지하자. 그러면 최고의 결과가 나온다.

EBS 다큐프라임 팀은 기질의 여러 면모를 알아보기 위해 아이들을 대상으로 실험을 하였다. 먼저 활동수준이 낮은 아이. 일곱 살 연주는 종일 집 안에서 책 읽기를 좋아한다. 놀이터에 나가면 머뭇머뭇 다른 아이들이 노는 걸 바라보기만 한다. 부모는 아이가 친구를 사귀는 데 문제가 있을까 봐, 나중에 비만이 될까 봐 걱정한다. 보통 고쳐야 할 성격이라고 생각하기 쉽다.

실험 결과 블록이 갑자기 무너졌을 때 활동 수준이 낮은 아이는 아무 대답을 하지 못했다. 돌발적인 상황에 당황하여 대답하지 못하는 것이었다. 하지만 두 명의 친구가 재밌게 놀고 다른 한 아이가 그 모습을 지켜보는 그림을 보여주자 다른 모습을 드러냈다. 친구를 데리고 갈 것이라든지 같이 놀자고 하겠다는 직접적인 의견을 제시하기보다는 간접적인 접근 대안을 내놓은 것이다. 예를 들어 친구 한 명 불러와서 끼워달라고 하겠다는 답변이 있었다. 아이는 다양한 측면에서 상황을 고려하고 문제를 해결하려는 의지를 가지고 있었다.

또한 집중력이 부족한 아이. 집중력이 뛰어난 성훈이와 달리 일곱 살 대건이는 참으로 호기심이 많다. 이것저것을 하고 싶어 하고 하나를 진득하게 하지 않는다. 엄마는 아이가 뭐 하나에 제대로 집중하지 못한다고 걱정한다. 실제로 실험 결과, 지루한 글쓰기 숙제를 엄마가 내주자 주의 집중력이 강한 아이들은 끝까지 과제를 마쳤다. 하지만 주의 집중력이 낮은 아이들은 조금 하다가 몸을 들썩이며 움직이기 시작했다. 결국 숙제를 미뤄놓았다. 이런 모습을 본 부모는 걱정이 이만저만이 아니었다.

하지만 다른 실험에서 의외의 결과가 나왔다. 여러 개의 상자가 있는 방에서 주의 집중력이 낮은 아이들이 좀 더 많은 상자를 열어본 것이다. 또한 토끼가 호랑이에게 잡아먹힐 위기에 놓여 있는 그림을 보고 창의적인 이야기를 만들어냈다. 예를 들어 "호랑이랑 토끼랑 싸워요."라는 일반적인 대답과 달리, 사자가 호랑이를 둘러싸서 호랑이가 무서워서 도망쳤다는 등 또 다른 아이디어를 냈다. 곽금주 교수는 이런 아이들은 호기심으로 다양한 발상을 하며, 엉뚱하고 기발한 생각을 많이 해낸다고 말한다.

마지막으로 수줍음이 많은 아이는 낮을 많이 가린다. 일곱 살 희정이는 낮선 사람을 보면 숨어버리며, 먼저 말을 걸지 않고 또래가 다가와도 뿌리친다. 기관에서의 활동에도 소극적이다. 엄마는 희정이가 즐겁게 생활할 기회를 놓칠까 봐 안타깝다. 나중에 사회 생활을 제대로 할 수 있을까 걱정하기도 한다.

이런 수줍음이 많은 아이에게 그림 4장을 보여주며 이야기를 만들라고 하자 아이들은 머뭇거리며 말을 하지 못했다. 하지만 잠깐 생각할 시간을 주자 막힘없이 술술 이야기를 풀어냈다. 아이에겐 생각할 시간이 좀 더 필요할 뿐이었고, 그것이 주어지자 누구보다 잘해냈으며 즉흥적인 역할극보다는 글로 이야기를 풀어가는 능력이 우수했다.

장점과 단점을 모두 받아들이면 기적이 일어난다

먼저 아이의 장점과 단점을 모두 받아들이자. 아이는 스트레스를 받을 때 부모를 힘들게 할 수 있다. 예민한 기질의 아이는 부모에게 강하게 의지하며 도움을 청한다. 부모가 모두 해결해주지 못하는 부분도 분명 있으며, 정확히 무엇을 원하는지 찾기조차 어려울 수 있다. 하지만 아이가 기분이 좋을 때는 이 세상 누구보다 부모를 즐겁게 할 수도 있다. 자신의 예민함을 영특함으로 발휘해 재능을 펼친다. 아이는 이 두 가지 면모를 다 가지고 있다. 부모는 이를 다 받아들여야 한다. 그것이 아이의 온전한 모습이다.

아이가 부모를 힘들게 할 때는 사랑으로 보듬고 방법을 찾으며 가르친다. 그리고 부모를 즐겁게 할 때는 온몸으로 그 기쁨을 받아들이자. 또한 앞서 말한 것처럼 위험을 예방하려 한다면, 아이에게 긍정적인 보살핌이 없을 때 일어날 일에 대해 자각한다. 그러면 나도 노력하지만, 그보다 먼저 안 좋은 환경에 아이를 방치하지 않게 된다. 어쩔 수 없는 상황이라면 대안을 찾게 된다. 장점과 단점을 모두 수용하는 것. 긍정적인 마음으로 아이를 이끌며 찰나를 누리는 것. 또한 아이에 대해 공부해 안 좋은 일들은 미연에 방지하는 것. 이 세 가지를 지키면 아이는 잘 자란다.

기질의 장단점은 물리학의 작용-반작용과 연관되어 있는 우주의 법칙이다. 모든 것에는 작용하는 힘이 있으며 거기에는 반작용하는 힘이 공존한다. 예를 들어 사람이 테이블을 손바닥으로 누르면, 그 테이블은 그 손바닥을 밀어내는 힘이 있는 것이다. 그래서 물체는 그 자리에 가만히 놓이게 된다. 인간 관계의 기본 법칙인 기브 앤 테이크도 이러한 물리학 작용-반작용 법칙과 관계가 있다. 어떠한 사람의 반응을 이끌어냈다면, 그 이전에 수많은 시도가 있었던 것이다. 기브 앤 테이크가 일어나면 인간 관계가 형성된다. 장점과 단점을 받아들이면 아이의 성장이 이루어지는 것과 마찬가지다. 아이의 단점이 보인다면 거기에 장점이 함께 존재한다고 믿어야 한다. 거기에서 무엇을 선택할까. 그건 부모의 몫이다. 기질을 수용하고 긍정적인 결과를 믿으면 그것은 빛이 된다.

나는 처음에 아이의 특성에 대해 장점과 단점 이 두 가지를 별개로 구분했다. 그런데 장점과 단점을 모두 인정하면 하나의 원형이 된다는 사실을 알게 되었다. 장점과 단점이라는 것은 수용 전에 있는 것이다. 수용하면 그저 단일 특성이 된다. 아이는 긍정적으로 자라는 존재이며 따라서 장점의 특성이 표면에 드러나게 된다. 단점은 자연히 소멸하거나 장점을 얻기 위해 효과적으로 사용된다.

나는 처음에 아이가 감각적으로 과민한 것은 고쳐야 할 부분, 그리고 예술적인 특성은 살려야 할 장점이라고 생각했다. 하지만 아이의 모든 모습을 받아들이고 나서 생각이 바뀌었다. 아이는 긍정적으로 자랄 것이라고 믿게 된 것이다. 그러자 감각적으로 과민한 부분은 예술적인 재능을 위한 수단이라는 것을 알게 되었다. 그렇게 바라보고 지도하자 아이의 과민한 부분은 조절되기 시작하였다. 감각의 긍정 경험이 많아졌으며 스스로 힘든 부분을 조절하기 시작했다. 모든 것의 시작 열쇠는 수용이다. 아이의 모든 모습을 수용하자. 긍정적으로 생각하자. 그러면 아이는 자연스럽게 성장한다.

유태인 교육은 남보다 뛰어나기를 가르치기보다는 남들과 다르게 키운다. 아이의 기질을 인정하고 돕는 것이 자존감 높은 아이의 열쇠다. 바로 행복한 아이의 비밀이다. 예민하다는 말은 대중적인 의미로 상대를 힘들게 할 때 자주 쓰이는 표현이다. 하지만 실제로 예민하다는 말은 긍정적으로 쓰여야 옳다. 예민함을 잘 다듬으면 재능이 된다. 그러기 위해서는 가장 먼저 아이의 기질을 수용해야 한다. 그리고 긍정적으로 나아갈 것을 믿어야 한다. 아이의 기질을 수용하면 장점과 단점을 초월하게 된다. 신중하되 긍정적으로 생각하자. 아이는 빛으로 나아가게 된다. 믿자. 그리고, 실천하자.

낯을 너무 가려 걱정이에요.

모든 사람과는 알맞은 거리가 필요합니다. 낯선 사람을 만날 때 이러한 거리를 알아채고 맞는 이를 구분할 줄 알면 인생이 편해집니다. 낯을 가리는 데는 이유가 있어요. 아이가 낯을 가린다면 먼저 그 성향을 존중해주세요. 낯을 가리는 내 아이는 사람을 잘 가려내는 천재성을 가지고 있습니다. 세상에 적응할 수 있도록 아이 눈높이에 맞추어 천천히 하나씩 대처 능력을 배우면 돼요. 다만 아이가 촉각 방어로 사람을 피하는지는 살펴보세요. 아이의 촉각이 과민하면 사람이 근처에 있는 것만으로 힘들어할 수 있어요. 그런 경우 아이의 촉각 안정을 위해 점진적인 스킨십과 몸 놀이가 필요합니다.

2장
······

예민한 아이에게 필요한 육아는 따로 있다

01
.....

예민함을 알면 아이의 강점이 강화된다

"새는 알을 깨고 나온다. 알은 새에게 하나의 세계이다. 하지만 태어나려고 하는 생명은 하나의 세계를 파괴하지 않으면 안 된다."

– 헤르만 헤세, 『데미안』

예민한 아이 육아의 가장 첫 번째는 아이의 예민한 기질을 인정하는 것이다. 알을 깨고 나오지 않으면 아무 변화도 일어나지 않는다. 아직도 내 아이가 예민한지 고민하는 부모가 있는가? 헷갈린다면 예민한 것이 맞다. 정말 순한 기질의 아이들은 부모를 헷갈리게 만들지 않는다. 예민함은 기질이며 후천적으로 강화되는 부분도 있다. 아이의 예민함을 인식하는 것은 빠르면 빠를수록 좋다. 아이에겐 정서 안정의 골든 타임이 있으며 그걸 지나면 좀 더 오랜 시간이 걸리게 된다. 아이의 예민함을 받아들이는 것이 어려운 이유는 보통 부모가 예민함에 안 좋은 인식을 가지고 있기 때문이다. 하지만 예민함은 하나의 특성이지 좋거나 나쁜 것이 아니다.

예민함을 인정하니 생기는 변화

"내 아이는 예민한 기질의 아이다."라고 말하자. 자랑스럽게 선포해야 한다. "내 아이는 예민한 기질의 아이다! 조금 신경 쓰면 잘 자랄 수 있다! 예민함은 특별한 재능이 된다! 나는 내 아이의 부모이며 잘 키울 능력을 하늘에서 부여받았다!"라고 선포하면 모든 것이 달라진다. 대중적인 80%를 위한 육아서를 잠시 접어두고 20%를 위한 육아서를 읽게 된다. 많지 않아 찾기 쉽다. 이 책도 그중 하나다. 나에게 맞는 저자를 롤 모델로 삼는다. 어려움이 닥쳤을 때마다 책을 들춰보며 열 번, 백 번, 천 번 읽어야 한다. 내면화될 때까지.

그러자 나는 아이의 전문가가 되었다. 예민한 기질을 잘 다루게 되었다. 아이는 이 세상 누구보다 나를 가장 신뢰한다. 엄마가 자신을 가장 잘 알아준다고 생각한다. 자연스럽게 엄마에게 힘든 일들을 털어놓는다. 엄마에게 진한 사랑 표현을 한다. 나는 노력하는 부모이지만 완벽한 부모는 아니다. 하지만 아이는 나를 믿고 눈을 맞추어 기꺼이 자신의 솔직한 감정들을 드러낸다. 그럼 나는 그걸 받아주며 또한 조언하고 이끈다.

예민함을 인정하면 아이와 상호 작용이 달라진다. 아이는 사랑받는 느낌을 받는다. 내가 어떤 실수를 해도 부모는 이해하며 또한 눈높이에서 따뜻하게 훈육할 것을 믿는다. 부정적인 잣대로 자신을 통제하지 않을 거라 신뢰하게 된다. 아이는 존재만으로 사랑받는다. 아이의 자존감 그릇이 커진다. 무조건적인 수용이라는 태양 앞에서 아이의 자신감은 옷을 벗는 것이다. 이런 부모가 옆에 있으면 아이는 천하무적이 된다. 부모만 있으면 용감해진다. 예를 들어 아이가 감각적인 어려움으로 사람들이나 환경을 어려워하는 경우라면, 집에서 어떻게 행동하는지 보자. 아이는 집에서 부모와 함께 있을 때 두려움이 없는가? 마음껏 자기 마음을 표현하며 속마음을 이야기하는가? 이런 아이는 햇살같이 자란다. 햇살 같은 부모의 사랑을 받기 때문이다. 반면 아이의 예민함을 인정하지 않으면 많은 어려움이 시작된다.

예민함을 인정하기 힘든 사람들

엄마 O는 아이의 예민함을 인정하지 못한다. 예민하다는 말은 그녀에게 굉장히 부정적인 단어이기 때문이다. 예민하다고 인정하면 아이에게 낙인을 찍게 될까 봐 두렵다. 사실 그녀도 어렸을 때 예민했다. 기질을 수용받지 못하고 상처받았다. "너는 왜 그렇게 유별나니?", "예민하게 굴지 마.", "이렇게 해야지." 이런 말들을 숱하게 들었다. 엄마는 자신의 기질을 숨기고 사람들이 원하는 것에 자신을 맞추었다. 아이의 예민함을 인정하는 것은 자신의 아픈 어린 시절을 통째로 드러내는 것이다. 처음부터 시작해 자신의 아픔을 모두 대면해야 한다. 무의식에는 갈등이 일어나지만 엄마는 그걸 자각하지 못하고 있다. 단단히 방어해야 할 만큼 자존감이 낮으며 내면아이의 고통이 크다. 이는 평생 제대로 사랑받지 못한 것이다. 안타깝게도 아이를 자신처럼 대한다. 아이의 예민함을 인정하지 않아 아이와 트러블이 생기지만 이 또한 누르려 노력한다.

아이의 예민한 기질을 인정하는 것이 중요하나 어떤 사람들에게는 결코 쉽지 않다. 나만 해도 아이를 낳고 내 예민함을 알았다. 예전 사람들이 나에게 건넨 부정적인 말들이 내 기질에 대한 비난이라는 걸 알고 얼마나 충격에 휩싸였는지! 사람들은 나의 존재를 비난했던 것이다. 유별나다, 나댄다, 까칠하다, 드세다, 내성적이다, 사교성이 떨어진다 등. 나는 그 들었던 수많은 말 중에 착해지라는 말이 가장 생각난다. 왜냐하면 착하게 살려고 노력했기 때문이다. 착하다는 건 원래 선하다는 의미다. 하지만 사람들은 그 말을 사람들의 기준에 맞추어 살라는 의미로 한다.

어렸을 때부터 내가 남들과 다르다는 것을 알았다. 내가 관심 있는 것들을 이야기하면 사람들의 반응이 시큰둥했다. 나는 내 생각을 내 마음 깊숙한 곳에 넣어버렸다. 배려는 갈 길을 잃고 나 자신을 챙기지 못했다. 사람들의 관심사에 맞추어 말하고 웃었다. 덕분에 사람들을 만나면 급속도로 피곤해졌다.

남을 섬세히 배려하면 돌아오는 것은 이용당하는 것뿐이었다. 이런 내가 나처럼 예민한 기질의 아이를 낳았으니. 처음에는 쉽지 않았다. 아이가 사회에서 평균적으로 행동하길 바랐다. 그래서 많은 시행착오를 겪었다. 그나마 공부해서, 이게 옳다는 것을 배워서 아이를 그리고 나 자신을 수용하기 시작한 것이다. 그러자 진정한 행복이 시작되었다.

예민한 아이들은 스트레스에 민감해 양육하기 어렵다. 달래기 어렵고, 쉽게 짜증 내고, 잠을 잘 못 잔다. 부모가 노력해도 긍정적인 반응을 쉽게 보여주지 않는다. 하지만 그것은 부모로서 자신이 부족해서가 아니라는 것을 알아야 한다. 세심한 양육이 당장의 효과로 드러나지 않더라도 끈기 있게 아이를 대해야 한다. 그러면 시간이 지나며 아이의 불안이 가라앉는다. 스트레스를 조절할 줄 알게 된다. 아이가 자신을 스스로 달래는 법을 터득하기까지 기질 수용과 이에서 비롯된 반응적 양육이 매우 중요하다. 어떤 난관에도 꿋꿋하게 아기를 달래며 '쉬~ 쉬~.'라고 참을성 있게 아기를 진정시키는 노력이 필요하다. 또한 이는 부모만의 몫이 아니다. 이렇게 힘들게 육아하는 부모를 돕는 것이 사회의 책임이다.

아이의 기질을 수용하면 첫 단추가 잘 끼워진다. 그리고 순차적으로 해나가면 된다. 어렵지 않다. 쉽다. 다만 첫 단추를 잘못 끼웠고, 오랜 시간이 지났을 경우가 어렵다. 그렇다면 처음부터 애착을 다시 회복해야 한다. 아이의 존재 자체를 사랑하는 것이 진짜 사랑이다. 내가 원하는 모습을 사랑하는 것은 허구를 사랑하는 것이다. 아이는 거기에 맞추느라 진이 빠진다. 허구의 사랑을 얻고 진짜 자존감을 잃는다.

아이가 어떤 음식을 싫어하는지 그리고 그 원인은 무언지, 왜 기관을 가기 싫어하는지 대체 어떤 이유가 있는지, 아이가 왜 잠자기를 싫어하는지 어떤 어려움이 있는지 샅샅이 알려면 먼저 아이와의 시간을 늘리자. 꾸준히 눈을 맞추고 접촉을 시도하자. 민감하게 반응하며 하나씩 점진적으로 하자. 사랑에도 기술이 있다. 무턱대고 들이대면 아이도 피하게 된다. 아이의 예민함에 대해 속속들이 알고 나면 오히려 편해진다. 아이도 부모도 그렇다. 알아야 대비할 수 있다. 또한, 알아야 잘 키울 수 있다.

아이의 예민함을 인정하고 아이에 대해 알자. 그러면 아이는 존재만으로 사랑받게 되어 자존감 그릇이 커진다. 또 예민한 반응에 적절히 대처할 줄 알게 되어 아이와 관계가 끈끈해진다. 아이는 부모가 자신의 예민한 기질을 다루는 것을 보고 배운다. 자신도 그렇게 기질을 도닥이며 앞으로 나아갈 줄 알게 된다. 그리고 부모가 자기를 수용하듯이 자신도 자신과 타인의 기질을 수용할 줄 알게 된다. 사랑 많은 긍정적인 아이가 된다. 아이의 예민함을 알기 위해 아이와 보내는 시간을 늘리자. 아이와 눈을 맞추며 스킨십을 하자. 매일 한 번만이라도 깔깔대고 웃으며 놀이하자. 마음을 연 아이는 자신의 기질을 부모에게 드러내 보일 것이다. 이때가 좋은 기회다. 아이를 보듬고 하나씩 방법을 알려주면 된다. 부모의 잘 자란 상위 뇌를 아이에게 빌려준다. 그러면 아이도 자신에게 그렇게 할 것이다.

예민한 아이에게 환경은 정말 중요하다

많은 사람이 예민한 아이의 부정적인 행동을 경험하면 부모 탓을 한다. 안 그래도 힘든 부모의 마음에 상처를 준다. 하지만 이는 옳지 않다. 나는 많은 예민한 아이와 부모들을 수년간 관찰했으며 중요한 사실을 알게 되었다. 좋은 환경에서 양육하는 부모는 예민한 기질의 아이를 좀 더 잘 키운다. 반면 그렇지 않은 환경의 부모는 예민한 아이를 잘 키우기가 너무나 어렵다.

두 경우 모두 다 나름의 노력을 한다. 하지만 환경의 영향은 너무나 크다. 부모가 중요한 것도 맞다. 하지만 부모의 양육 방식마저 환경의 영향을 받는다. 부모가 책임이 있다면 양육 리더로서 더 좋은 환경을 조성하려고 노력해야 한다는 것이다. 환경의 차이는 나중에 분명하게 드러난다.

하지만 안 좋은 환경에서 자라 안 좋은 환경을 벗어나려 노력하는 것은 꽝장한 힘이 필요한 일이다. 사실상 잘 되지 않는 경우가 많다. 돈 문제가 끼면 특히 어려워진다. 그래서 사회는 예민한 기질의 아이를 키우는 것에 환경이 중요한 영향을 끼친다는 것을 알고 초기 양육에 적극적으로 도움을 주어야 한다.

까다로운 엄마도 환경을 바꾸면 잘 해낸다

붉은털원숭이의 유전자는 인간과 93퍼센트 유사하다. 미국국립보건원의 스티븐 수오미 박사는 붉은털원숭이 실험을 통해 환경과 양육의 상관관계를 연구했다. 붉은털원숭이 실험에서 양육자의 환경을 바꾸자 부족한 양육자도 육아를 잘 해냈다. 과민한 신경증의 붉은털원숭이 엄마는 쉽게 아이를 체벌하고 통제했다. 하지만 그 엄마 원숭이의 환경을 바꾸자 모든 것이 달라졌다. 엄마는 주변 환경에서 하는 것만큼 혹은 그 이상으로 아이를 잘 키워냈다. 엄마의 행동이 조절되었으며 또한 아이도 좋은 환경에 영향을 받았다. 이는 모든 것이 엄마 탓이라는 관점에서 벗어날 중요한 연구 자료다.

환경이 부모의 양육 태도에 미치는 영향은 크다. 예를 들어 이런 상황을 상상해보자. 어떤 엄마가 있다. 이 엄마는 예민한 기질의 아이를 키우며 너무나 힘이 든다. 자기도 모르게 욱하고 소리 지르며 아이를 때리게 된다. 그 엄마도 실은 예민한 기질이다. 아이는 엄마를 닮았을 확률이 높다. 엄마는 부모님께 항상 맞고 자랐다. 부부싸움에 오래 노출되기도 했다. 어릴 땐 그것이 학대인지도 모르고 자랐다. 엄마는 자신이 받았던 대로 아이에게 분출하게 된다. 마음은 그걸 원하지 않지만, 너무 힘들 때 본능이 튀어나오는 것이 문제다.

이 엄마는 어느 날 예민한 것은 기질이라는 걸 알게 되었다. 잠든 아이를 보며 너무나 마음이 아팠다. 변하고 싶다는 생각이 들었다. 인터넷을 찾다가 알게 된 예민한 아이 모임에 지푸라기라도 잡는 심정으로 나가게 되었다. 모임의 엄마들은 하나같이 아이들의 기질을 존중하고 크게 혼내지 않았다. 아이가 모르는 것이 있으면 긍정적으로 훈육했다. 이 엄마는 너무 달라 처음에 적응하지 못했다. 하지만 시간이 지날수록 다른 엄마들을 닮게 되었다. 아이도 엄마와 그 모임에 나가는 날을 가장 좋아했다.

부모는 양육의 총책임자로서 환경을 설계해야 한다

『오픈 도어』의 김승언 대표는 스트레스에 더욱 취약한 성향의 아이들이 존재한다고 조언한다. 아이들이 영상을 보면 사람들은 이렇게 말한다.

"괜찮아, 누구는 그래도 잘만 크더라!"

예민한 기질의 아이를 키운다면 이 말을 가장 조심하라. 누구는 그래도 잘 크더라는 말은 예민한 아이들에게 적용되는 말이 아니다. 혹시 모를 부작용에 시달릴 아이가 바로 예민한 아이다. 예민함이 강하면 강할수록 더욱 그렇다.

예를 들어 두 돌 전 미디어 노출이 순한 아이들에게는 큰 데미지를 끼치지 않을 수 있다. 하지만 예민한 아이들에게는 독으로 작용하기 쉽다. 청각과 시각에 과도한 자극을 준다. 보통 아이들보다 5~10배 강도로 뇌에 작용한다고 생각해보자. 예민 아이 엄마라면 하지 말라는 것은 하지 않는 것이 좋다.

만약 어쩔 수 없이 노출되는 상황이라면 매의 눈으로 부모가 관찰해야 한다. 발달이 느려지는 부분이 없는지, 눈을 피하지 않는지, 정상적인 사회 활동을 거부하지 않는지 세심한 관찰이 필요하다. 또 이미 노출된 상황이라면 그걸 역이용하여 지혜롭게 대처해야 한다. 아이가 꽂힌 걸 대상으로 사회 자극으로 연결해 다른 발달을 유도하는 것이다.

특히 뇌와 정서가 안정되지 않은 어릴 때를 조심해야 한다. 그리고 어릴 때는 감각 발달의 중요한 시기이다. 보통 아이들에게 평균적인 자극이 예민한 아이들에게는 과도하다. 뇌를 변화시킬 수 있다. 다른 중요한 발달에 영향을 끼칠 수 있다. 아이의 자극 민감성을 이해하면 이 부분을 이해하기 쉬워진다. 아이는 자극에 민감하게 반응한다. 그것이 행동으로 나타나는 것뿐만 아니라 그만큼 뇌에도 강하게 전달되고 있다. 아이의 기질이 안정되기 전, 특히 약 세 돌 전에는 예민한 아이를 양육하는 방식을 알고 따르는 것이 좋다. 대중적인 육아를 참고는 하되 조금 거리를 두어야 한다. 그리고 아이가 어느 정도 안정되고 나면 너무 기질에 매이지 않아야 한다. 이때부터는 기질을 다루는 성격 발달의 시기다. 예민함을 이해하되 사회적인 방식을 함께 공부해야 한다. 그래야 아이도 사회 적응과 재능 발현이 쉬워진다. 또 예민한 아이들이 나쁜 것에 취약하지만, 좋은 것에는 더욱 크게 반응한다는 것을 알아둘 필요가 있다.

내 남동생은 엄마를 따라 일찍 미국에 갔다. 반면 나는 졸업하고 가겠다며 혼자 한국에 남았다. 그때는 가족보다 친구가 소중했다. 왜 나를 억지로라도 끌고 가지 않았는지, 왜 미성년자인 나의 의견을 전적으로 수용했는지, 나중에 크게 엄마를 비난했다. 그리고 젊은 날의 패기를 후회했다. 그만큼 결과가 크게 달라졌기 때문이다.

남동생은 미국에서 나름 고생을 했다. 빌딩 청소를 하고 세탁소에서도 일했다. 하지만 그래도 좋은 환경에서 공부했다. 좋은 일자리 기회도 많았다. 바닥의 삶을 살았지만 딛고 올라설 기회가 많았다. 남동생은 그 기회를 잡았다. 지금은 라스베이거스의 유명한 요리사가 되어 재능에 걸맞은 큰돈을 벌고 있다. 미국 가기 전 선생님의 체벌로 고등학교를 자퇴하고 KFC에서 닭을 튀기던 동생이다. 개천에서 용이 났다.

하지만 나는 한국에 혼자 남았다. 등록금을 해결하기 어려워 대학 졸업을 뒤로 미루었다. 회사에 다녔지만 혼자 살며 푼돈으로 뭔갈 하기 어려웠다. 결국 다 때려치우고 돈을 많이 주는 모델 생활을 했다. 운이 좋아 연예계 활동을 하였다. 겉은 화려했지만 알코올 중독에 우울증으로 힘들었다. 나중에 사업으로 큰돈을 벌었지만, 빚 갚느라 정신이 없었다.

그나마 모은 돈으로 학교에 다시 다니고 싶어 미국으로 건너갔다. 미국에서 공부하며 열심히 하는 학생들에게 주는 혜택에 놀랐다. 나는 장학금을 휩쓸고 최고 우등생이 되었다.

환경의 차이가 이렇게 크구나 하는 생각이 들었다. 미국과 한국의 비교가 된 것 같아 안타깝지만, 내용의 본질을 이해하셨으면 좋겠다. 예민한 기질의 아이들은 좋지 않은 것에 쉽게 반응하지만 좋은 것에도 반응이 남다르다.

많은 부모가 자신에게 커다란 짐을 지우며 정작 중요한 것을 놓치고 만다. 그것은 좋은 환경 조성의 책임이다. 부모는 아이 양육의 총책임자로서 아이를 위한 좋은 환경을 설계해야 한다. 그것이 부모가 덜 힘들고 아이도 더 잘 자랄 수 있는 최고의 방법이다. 주변에서 부모 탓을 한다면 한 귀로 듣고 한 귀로 흘리는 여유가 필요하다. 사람들을 비난하기 전에 환경을 조성하자. 아이에게 맞는 환경을 찾자. 뒤지고 뒤져 또 찾으면 찾아진다. 아이가 예민하면 예민할수록 더욱 열심히 찾는 것이 합리적이다. 이러한 부모를 보고 아이는 배운다. 자신도 그렇게 환경을 조절하며 사는 방법을. 그리고 그저 참고 노력하는 힘든 방법을 선택하는 것이 아닌 현명한 선택을 하는 방법을 말이다.

지금 당장 죄책감에서 벗어나라. 부모 탓이라는 것은 없다. 그런 말을 하는 사람이 있다면 당신같이 말하는 사람들 때문에 아이를 키우기 어려운 세상이라고 말해주자. 현명해지자. 아이가 자라는 환경은 부모가 다가 아니다. 부모 또한 환경의 영향을 받는다. 아이가 자라는 큰 세상을 이해해야 한다. 부모도 환경의 일부이다. 아이 양육의 총책임자로서 환경을 설계하자. 힘을 빼고 더 멀리 가는 방법을 찾자. 그걸 보며 아이도 그리 살 것이다. 환경과 조화를 이루며 또한 현명하게 이용하면서.

아이의 어린이집 적응 때문에 걱정이에요. 어린이집에 가는 걸 싫어해요.

많은 아이가 어린이집에 가는 것을 싫어해요. 보통 아이들도 그런데, 예민한 아이들은 어떨까요. 물론 너무 좋은 어린이집과 담임 선생님도 존재합니다. 하지만 아이가 너무 강하게 오래 거부하면 잠시 후퇴해도 괜찮습니다. 예를 들어 하루 세 시간 삼 주를 내리 운다면 좋지 않은 징조입니다. ADHD 등 발달 장애의 확률이 높아진다는 연구 결과예요. 그리고 아이가 가기 싫은 이유가 분명 있습니다. 아이의 생각을 물으세요. 그리고 집과 어린이집에서의 생활이 특히 다른 부분이 무엇일까 생각해보세요. 그렇다고 양육의 질을 낮출 필요는 없습니다. 아이를 오랜 기간 낮은 질의 양육에 노출하는 것은 좋지 않기 때문입니다. 아이가 힘들어하는 이유 중 또 하나는 낮잠입니다. 아이들은 졸리거나 깨었을 때 컨디션이 크게 떨어지고 불안도가 높아집니다. 방법이 없다면 오전만 보내서 밥 먹고 하원하는 것도 하나의 방법입니다. 양질의 양육을 제공할 대리 양육자를 찾는 것도 좋고요.

예민한 아이에게
부모는 더욱 중요하다

"자식을 기르는 부모야말로 미래를 돌보는 사람이라는 것을 가슴 속 깊이 새겨야 한다. 자식들이 조금씩 나아짐으로써 인류와 이 세계와 미래는 조금씩 진보하기 때문이다."

독일 프로이센의 철학자 칸트의 말이다. 이 세상에 부모는 중요하다. 모든 아이들에게 그렇다. 하지만 예민한 아이에게는 더욱 그렇다.

예민한 아이는 어떠한 양육을 받느냐에 따라 결과가 달라진다

미국 작가 데이비드 도브스가 2009년 〈애틀랜틱〉 매거진에 실은 글이 사회적인 이슈가 되었다. 그는 예민한 아이들을 '난초'라 불렀다. 그는 말한다. 80%에 속하는 순한 기질의 아이들은 민들레와 같다. 어떤 환경에서도 어떤 어려움에서도 잘 자라나기 때문이다. 하지만 20%에 해당하는 예민한 기질의 아이들은 난초다. 키우기 어렵지만, 적절한 환경에서 아름다운 꽃을 피운다. 런던 아동보육 전문가이자 심리학 교수인 제이 벨스키는 이 난초 가설을 지지한다. 예민한 기질의 아이들은 환경의 영향을 많이 받는다. 환경에 따라 잘 자랄 수도, 아닐 수도 있는 것이다. 『콰이어트』의 수전 케인은 벨스키의 연구에 대해 이렇게 말한다.

"반응성이 높은 아이가 좋은 양육과 보살핌을 받고 안정된 가정환경에서 자라면, 반응성이 낮은 아이들에 비해 정서 문제가 적고 사교 기술도 뛰어나다는 연구 결과가 나왔다. 이 아이들은 지극히 공감을 잘하고, 다정하며, 협조적이다. 타인과 잘 협동한다. 친절하고, 양심적이며, 잔혹함이나 부당함이나 무책임함에 쉽게 흥분한다. 자신에게 중요한 일에 성공적이다. 벨스키에 따르면, 이들은 반드시 학급 반장이나 학교 연극의 주연이 되지는 않지만, 그렇게 될 수도 있다."

사실 예민한 아이의 부모 역할을 강조하는 이야기를 하기가 조심스럽다. 부담이 될까 봐 그렇다. 다들 나름 열심히 그리고 힘들게 아이를 키우고 있기 때문이다. 사실 여기서 뭘 더 하라는 건가? 이미 한계일 수 있다. 그럼에도 불구하고 이 이야기를 꺼내는 이유는 첫 번째, 너무 중요해서다. 그리고 두 번째, 또 다른 방법이 있기 때문이다.

부모의 짐을 덜어낼 연구 결과가 있다. '부모'가 중요한 것이 아니다. '주 양육자'의 역할이 중요한 것이다. 부모가 잘 해내면 좋겠지만, 그렇지 못할 경우엔 나만큼 혹은 그 이상 잘하는 대리 양육자를 찾는 것이 좋다. 물론 부모가 가장 아이를 사랑한다. 하지만 양육 능력과 사랑이 비례하는 것은 아니다. 많이 아프거나 꼭 일해야만 하는 경우도 있을 것이다. 대신 총책임자가 되면 된다. 나의 한계를 일찍 파악하고 방법을 찾는다면 아이와 부모 둘 다에게 긍정적이다.

미국국립보건원 스티븐 수모이 박사의 붉은털원숭이 연구에서 부모의 바람직한 양육 방법에 대한 실험이 있었다. 예민한 기질의 신생아 원숭이들을 원래의 까다로운 엄마로부터 떼어놓았다. 그리고 평균보다 더 섬세하고 열정적으로 양육하는 양엄마에게 입양한 것이다. 양엄마들은 이해심이 넓었다. 보다 오래 신생아 원숭이와 신체 접촉을 시도했다. 아기가 공격적으로 행동하면 따뜻하게 가르쳤다. 예를 들어 젖꼭지를 잡아당겨도 때리는 등의 부정적인 반응을 보이지 않았다. 예민한 기질의 아기 원숭이들은 자신의 기질을 성공적으로 다루는 어른으로 성장했다. 평범한 원숭이들과 어울리는 데 어려움이 없었다. 생리적인 검사에서도 스트레스 조절과 세로토닌 분비량이 적당했다. 특히 양어머니에게서 섬세한 보살핌을 받은 예민 기질의 원숭이들은 훌륭한 팀플레이어였다. 무리에서 높은 위치까지 올라갔다.

예민한 아이는 어떠한 양육을 받느냐에 따라 결과가 달라진다. 환경에 큰 영향을 받기 때문이다. 긍정적이 되자. 그에 더해 나쁜 일이 일어나지 않도록 예방하는 것도 중요하다. 아이를 오랜 기간 방치하지 않는다. 질 높은 교사가 있는 기관으로 신중하게 고른다. 앞서 1장에서 이야기한 것처럼 프로와 아마추어의 차이는 긍정적이되 최악의 상황을 고려하느냐에서 비롯된다. 부모의 상황이 좋지 않다면 대리 양육자를 미리 찾아놓는 것도 중요하다. 이 조언은 내 경험에서 비롯된다.

부모는 존재만으로 이미 위대하다

나는 정말 지지리도 복이 없었다. 정확히 말하자면 부모 복이다. 부모 복이 없다는 것은 시작부터 단추 끼우기가 어렵게 된다는 것을 말한다. 모든 만물 행운의 시작은 좋은 부모를 만나는 것이다. 부모 복이 없는 나는 천애 고아처럼 자랐다. 7살까지는 부모님과 함께 살았다. 하지만 그건 제대로 사는 게 아니었다. 부모님은 나를 임신해 원치 않는 결혼을 하셨다. 나는 모든 일의 원흉이었다. 나는 사랑받지 못했다. 잘났던 아버지는 밖으로 돌았다. 외도를 했고 집에 오면 가정 폭력을 일삼았다. 나는 이 모든 것에 노출되어 자랐다.

어린 어느 날 내가 그렸던 그림을 기억한다. 발가벗고 줄을 서 있는 여자들. 어떤 한 남자가 그 여자들을 때리고 고문하는 그림이었다. 나는 신나게 이 그림을 그리고 엄마가 볼까 봐 베개 밑에 숨겨놓았다. 그때 나는 5살이었다. 어떤 성인 영상이나 자료에 노출된 것이 아니다. 그냥 내 머릿속에서 상상으로 나온 그림이다. 지금 그 그림을 생각하면 소름 끼친다. 우리 아버지는 엄마를 학대했고 자주 밥상을 뒤엎었다. 엄마는 우울증에 시달렸다. 나는 많은 자극에 무감각해졌다.

부모님이 이혼하시고서는 친할머니네서 살았다. 친할머니네는 더 최악이었다. 친할머니는 딸이라는 존재를 혐오하셨다. 나는 항상 이유 없이 혹은 사소한 것으로 맞았다. 부러질까 봐 고무 호스를 여러 개 준비해 때리는 분이셨다. 실제로 맞다가 여러 개 부러지기도 했다. 하지만 고무 호스는 참 질기고 오래갔다. 방을 닦지 않았다고 뺨을 대차게 맞았던 날을 기억한다. 나는 방을 닦았다. 그런데 먼지가 보이자 거짓말을 한다고 맞은 것이다. 나는 억울했지만 눈물도 나지 않았다.

큰아빠는 수시로 와서 나와 내 남동생을 폭행했다. 사촌오빠는 내가 잘 때 성추행을 하였다. 할머니가 라면에 계란을 넣어 먹는다고 나를 갈보년이라고 불렀다. 어느 날 내 남동생은 칼을 뒤에 숨기고 할머니에게 다가갔다. 내가 말려 큰 일이 일어나지 않았다.

솔직히 말하면 내가 어떻게 살아남았는지 모르겠다. 정신이 이상해지지 않은 것이 신기하다. 부모의 보호가 없는 나는 무방비 상태였다. 학교에서도 부모님이 오지 않아 반 아이들 앞에 불려 나가 십 분 동안 뺨을 맞았다. 학급 임원이 되었는데, 우리 부모님만 오지 않았던 것이다. 선생님은 촌지를 바랐을 것이다.

나는 부모의 보호가 없는 삶이 어떤 삶인지 안다. 그건 그냥 찻길에 내놓은 강아지와 같다. 나는 운이 좋아서 살아 있다. 사실 죽을 뻔도 했었다. 나는 스무 살 때 한쪽 난소에서 15cm의 혹이 자란 것을 알았다. 어린 나이에 난소 제거 수술을 받았는데 의료 사고로 수술 후 의식을 잃었다. 결국 다시 수술해서 나는 살아나게 되었다. 죽음 체험은 생각보다 평온했다.

부모는 아이에게 정말 중요한 존재다. 아이를 낳았으면 책임을 져야 한다. 적어도 아이가 제 앞가림을 할 때까지 리더로서 총 책임자로서 최선을 다해야 한다. 이 세상에 완벽한 부모는 없다. 누구나 시행착오를 거쳐 부모 노릇을 배운다. 하지만 그러한 부모가 있는 것과 없는 것은 천지 차이다. 그냥 존재만으로 부모는 아이에게 꼭 필요한 존재다. 하지만 가끔은 없어야 나은 부모도 있다. 누구든지 나은 사람이 주 양육자가 되면 된다. 그리고 좋은 환경은 좋은 부모를 낳는다.

부모라면 아이에게 직접적으로 노력함과 동시에, 양육 환경을 설계할 책임이 있다. 그것은 선택이 아닌 필수다. 좋은 양육 환경을 설계할 줄 아는 부모는 자신의 힘듦을 덜어내며 아이를 더 잘 키우게 된다. 똑똑한 육아란 바로 이것이다. 더 쉽게 더 잘하게 된다. 사실 부모는 환경의 구성원이다. 일부인 것이다. 하지만 부모가 환경 구성의 책임자가 되기에 환경이 중요함과 동시에 부모도 중요하다. 부모가 더 중요하냐 환경이 중요하냐 하는 문제는 닭이 먼저냐 달걀이 먼저냐 하는 질문과 같다.

모든 아이 양육에 부모는 중요한 역할을 한다. 하지만 예민한 아이에게는 더욱 그렇다. 정확히 말하면 주 양육자의 역할이다. 자신의 한계를 인식하고 올바른 방법을 찾자. 예민한 아이는 부모를 성장시킨다. 열심히 살게 만든다. 훌륭한 부모가 되도록 자극한다. 예민한 아이가 그런 부모를 바라기 때문이다. 가장 귀한 것을 좋아하는 아이들이다. 온몸으로 받아들이자. 내 그릇에 맞는 아이를 내가 낳았다. 시행착오를 겪을 테지만 그 길의 끝에선 분명히 미소 지을 것이다.

엄마 껌딱지라서 너무 힘들어요.

엄마한테 붙어서 떨어지지 않나요? 엄마랑만 놀려고 하나요? 엄마 똥도 못 싸게 하나요? 일단 칭찬을 먼저 해드릴게요. 잘 키우고 계세요. 엄마를 너무 좋아해서 그래요. 엄마가 마음의 안정을 줘서 그래요. 아이는 시간이 걸리지만 엄마에 대한 믿음을 바탕으로 세상에 적응해 나갈 거예요. 오히려 위험한 것은 엄마에게 도움을 청하지 않는 케이스예요. 엄마에게 도움을 청하는 아이는 너무 힘들긴 하지만 크게 잘못되는 경우가 드물어요. 아이의 욕구를 파악하고 채워주세요. 그리고 아이가 사회에 적응하도록 꾸준히 유도해주세요. 아이의 불안도가 낮아지도록 힘써주세요. 오히려 챙겨야 할 것은 엄마입니다. 몇 가지 방법이 있어요. 어떻게든 주변의 도움을 찾는 거예요. 아주 잠시라도 엄마를 대체할 좋은 대리 양육자를 찾는 거죠. 오히려 기회로 삼는 방법도 있어요. 아이 재우고 조금씩 내가 하고 싶은 공부를 하며 스트레스를 풀 수도 있을 거예요. 마지막으로는 아예 관점을 바꾸는 것도 좋아요. 아이와 다시는 돌아오지 않을 시간을 완전히 몰입해서 즐겁게 보내는 거예요. 뭐든 방법을 찾으면 있습니다. 중요한 것은 힘듦을 자각하고, 긍정적인 방향으로 나아갈 수 있다고 믿는 것이에요.

예민한 아이에게
필요한 육아는 따로 있다

예민한 기질의 아이를 키우는 엄마 C는 힘들어 최근 센터 상담을 받았다. 원장님으로부터 개통령 강형욱처럼 아이를 키우라는 이야기를 들었다. 강형욱 훈련사는 먼저 강아지의 특성을 파악한다. 사랑과 권위로 가르친다. 우스갯소리가 아니다. 실제로 내가 아는 예민한 아이를 키우는 엄마로부터 들은 이야기다. 개에게도 하니 사람에게도 할 수 있다. 먼저 아이가 선천적으로 가지고 태어난 것을 본다. 그것 없이는 아무런 진전이 없고 밑 빠진 독에 물 붓기가 된다. 예민한 아이의 육아는 달라야 한다. 왜냐하면 아이가 다르기 때문이다.

아이의 불안이 높은지를 먼저 파악하라

미국 아동상담치료사 나타샤 대니얼스는 예민한 아이에게는 다른 육아가 필요하다고 말한다. 그녀에 의하면 다른 아이들에게는 효과적인 방법이 이 기질의 아이에게는 효과 없을 때가 많다.

"다른 자녀에게는 효과적이던 방법이 예민한 아이에겐 무반응일 때가 있다. 당신은 가족과 아이에게 최선인 육아법을 찾아야 한다. 다른 사람이 '올바른 육아법'이라고 여기는 것과 상충할 수도 있으나, 부모로서 그 판단은 당신 스스로 내려야 한다. 아이에게 효과가 있고 부모로서 성취감을 느낀다면, 당신은 아이를 위한 올바른 육아법을 찾은 것이다."

대니얼스는 예민한 아이는 잘 알려진 육아법이 전혀 듣지 않는 경우가 많다고 말한다. 예민한 아이는 닻처럼 단단히 붙잡아주는 양육이 필요하다. 특히 아이의 불안은 거친 파도이며 아이는 닻을 내리지 않은 배다. 아이는 같이 파도에 휩싸여 배를 함께 타고 가는 부모가 아닌, 배를 안정시키는 닻을 필요로 한다.

그에 의하면 이런 부모가 되는 방법은 의외로 쉽다. 감정은 붙들어 매고 이성적으로 대응하도록 훈련하면 된다. 예민한 아이들은 생후 다들 어느 정도의 불안을 가지고 있다. 하지만 특히 불안한 아이들이 있다. 아이의 불안이 높으면 높을수록 파도는 더욱 거세다. 아이도 어른도 정신을 붙들어 매기 힘들다. 아이의 불안을 잠재우는 방법이 있다. 먼저 불안은 감각과 연관이 있다. 아이가 스스로 자신의 감각을 잘 다룰 수 있도록 일정 기간 도와주어야 한다.

이렇게 아이를 도와주어야 하는 양육은 행복한 양육과 거리가 멀다. 행복한 양육이란 아이가 만족하고 부모도 즐거움을 느끼는 것이다. 먼저 아이와 부모 다른 두 개인을 이해한 후 서로의 접점을 찾는 것이다. 그런데 아이의 불안이 높을 경우 그 중간 지점을 찾는 것이 쉽지 않다. 불안이 높은 예민한 아이는 더욱 특별한 돌봄을 필요로 한다. 아이는 도움을 많이 요청하며 또한 그것을 들어주어야 탈이 없다. 접점을 찾기는커녕 일방적으로 맞추어줘야 하는 관계가 된다. 안정되는 데 시간도 오래 걸린다. 따라서 예민한 아이를 키운다면 먼저 내 아이가 불안도 높은 아이인지를 파악하는 것이 중요하다. 거기서 전략이 달라진다.

둘 다 예민한 기질이지만 불안도가 굉장히 높았던 첫째와 그에 비해 나았던 둘째의 이야기를 전한다. 내가 예민하지만 다른 두 아이를 각각 개별적으로 돌볼 수 있었던 데는 노하우가 있다. 첫째와 둘째의 성향은 굉장히 다르다. 예민한 아이라는 기준에서는 비슷한 특성들이 많이 보인다. 잠을 잘 자는

데 어려움을 겪었고, 엄마 껌딱지에, 자극에 민감하게 반응했다. 하지만 둘은 큰 차이가 있었다. 첫째의 불안도가 둘째에 비해 굉장히 높기 때문이었다.

둘째도 불안이 있었다. 손에 뭔가 묻는 것을 혐오했고, 놀이터에서 엄마 옆에만 붙어 있었으며, 그네의 흔들림을 괴로워했다. 하지만 편안한 환경에서 예를 들어 집에서 놀이할 때 종종 스스로 확장을 했다. 엄마가 유도하지 않아도 놀이할 때 새로운 시도를 하는 것이었다.

반면 첫째는 불안이 너무 높아 스스로 놀이 확장을 하지 못했다. 결과 엄마에게 같이 놀자고 항상 매달렸다. 확장을 원하는데 스스로 할 수 없기 때문이었다. 예를 들어 첫째가 좋아하는 고양이로 역할 놀이를 한다면 똑같은 걸 반복할 뿐이었다. 엄마가 이렇게 저렇게 스토리를 만들어 변형시켜주길 바랐다. 놀이 확장이 되지 않는다는 건 부모에게 굉장히 힘든 요소다. 아이는 혼자 놀지 못한다. 혼자 놀지 못한다는 건 수많은 일들을 혼자 해내지 못한다는 뜻이다. 부모한테 의지하고 매달리는 정도가 심해진다.

그런데 둘째를 낳고 정말 달라 깜짝 놀랐다. 놀이를 할 때 스스로 변형을 시키는 걸 보고 천재인 줄 알았다. 블록을 끼우는데 잘 안되자 다르게 끼워 보는 것이다. 누군가에게는 지극히 평범한 장면일 것이다. 하지만 불안도 높은 아이 엄마라면 누구나 부러워할 만한 일이다. 놀이할 때 새로운 시도를 스스럼없이 하는 것. 첫째에게선 본 적이 없었다.

첫째는 세 돌이 지나서야 스스로 시도하기 시작했다. 상상 놀이도 늦게나마 시작했다. 만 3년을 돕다가 슬쩍 빠지며 아이가 스스로 하도록 유도했다. 거기다 아이가 불안하고 힘들어하니 감정 코칭은 계속되었다. 아이의 욕구가 높아 두 시간만 상대해도 진이 빠졌다. 그걸 단 것을 먹어 에너지를 충전하며 하루 종일 했다.

그런데 둘째가 나에게 같이 놀자고 하는 이유는 스스로 놀이 확장이 되지 않아서가 아니었다. 그냥 같이 노는 걸 좋아하는 아이라 그랬다. 그 차이는 어마어마했다. 같은 예민한 아이라도 불안도가 높은 아이의 부모는 어렵다. 그렇지 않은 부모의 양육과 천지 차이다.

나는 둘째가 놀이 확장이 되니 그 부분은 안심했다. 대신 아이는 전정(평형)감각이 과민했다. 그네를 타기 힘들어했다. 때문에 자주 안아달라고 했다. 아이들과 놀이할 때도 불안도가 높아져 더욱 엄마 껌딱지가 되었다. 나는 아이의 어려움을 파악하고 아이가 원하는 자극을 주었다. 지금 생각해보면 아이는 자기에게 무엇이 필요한지 스스로 잘 알고 항상 도움을 요청했다.

예민한 아이 육아법

아이를 자세히 관찰해 맞춤 육아하라

내가 이렇게 아이를 다르게 맞춤 육아할 수 있었던 방법은 다음과 같다. 먼저 아이를 정말 자세히 관찰했다는 것이다. 그러기 위해 매일 육아일기를 썼다. 육아일기에 하루 있었던 일들을 굉장히 구체적으로 적었다. 오늘 뭐 했고, 아이 반응이 어땠고, 아이가 어떤 말을 했고, 오늘은 이런 변화가 있었고, 나는 느낌이 어땠다, 그리고 내일은 이렇게 해야겠다, 이런 걸 구구절절 한 페이지씩 적었다. 그 기록이 나에게 굉장히 중요한 자료가 되었다.

그리고 아이를 열심히 공부했다. 아이는 왜 그런 행동을 하는지, 기질의 영향은 어디까지인지, 불안은 어떤 요소가 되는지, 발달은 어떻게 진행되는지 등. 덕분에 아이가 나에게 힘든 행동을 할 때 그냥 힘들다고 느끼고 마는 게 아닌, 아이가 이것 때문에 이렇게 행동하는구나 하는 생각을 할 수 있었다.

그리고 마지막으로 예민한 아이를 키우는 엄마들과 소통했다. 다른 사례들을 보며 비교 분석하고 내 아이에게 더 맞는 게 무엇인지 생각해볼 수 있었다. 이 노하우를 이렇게 전수할 수 있게 되어 기쁘다.

이렇게 특별한 보살핌이 필요한 아이에게 보통의 육아를 하면 힘든 일이 생긴다. 특히 불안도 높은 예민한 아이라면 보통 육아에 반응이 격렬할 것이다. 먼저 아이의 불안이 더 높아진다. 더 자주 보채고 울게 된다. 밤에 더 자주 깬다. 또한 깊이 자지 못한다. 스트레스에 취약하므로 몸에 병이 난다. 면역력이 떨어져 유행성 질환에 취약해진다. 기간이 지속되면 트라우마가 있는 듯 반응하거나 무감각해지기도 한다. 물론 아이가 성장기에 도달했을 때도 이런 모습을 보일 수 있다. 예민한 아이는 성장기 컨디션이 급격히 떨어진다. 하지만 만약 아이가 지속적으로 이런 모습을 보인다면, 그리고 그것이 발달에 피해를 끼친다면, 내 아이에게 맞는 육아를 하고 있는지 돌아볼 필요가 있다.

순한 기질의 아이를 키우는 엄마 P도 아이에게 맞는 육아를 한다. 순한 기질이라면 사실 아이에게 맞는 육아라는 게 따로 있는 것이 아니다. 소신껏 육아하면 된다. 육아서의 대부분은 평균적인 기질을 가진 아이에게 맞는 내용이다. 엄마는 아이를 소신껏 키운다. 아이도 소중하지만, 엄마의 인생도 중요하다. 엄마가 행복해야 아이도 행복하기 때문이다. 아이를 위해 희생하기보다는 엄마의 행복한 모습을 보여주기로 결심한다.

아이 주도 이유식으로 이유식이 너무 편하다. 엄마는 옆에서 편히 밥을 먹는다. 수면 교육이 좋다기에 해서 얼마 후 성공했다. 그 후로 낮이고 밤이고 편한 날들을 보낸다. 아파트 근처에 좋은 기관이 생겨 보냈는데 아이는 그럭저럭 잘 지내다 온다. 얼마 전에는 엄마표로 영어를 시작했는데 아이가 노래도 춤도 곧잘 따라 한다. 가끔 영상 보여주고 단 것도 주지만 아이가 과도하게 빠지거나 떼쓰는 일은 없다. 물론 컨디션 기복 있고 어려운 날도 있다. 아프면 누구나 똑같이 힘들다. 하지만 아이는 크게 신경 쓰지 않아도 둥글둥글 잘 자란다.

특별한 보살핌이 필요한 예민한 아이와 달리 순한 아이는 하루가 평화롭다. 아이가 편안하고 엄마도 즐겁다. 아이는 어떤 폭풍과 비바람에도 민들레처럼 잘 자란다. 반면 예민한 아이는 환경을 투명하게 반영하는 거울과 같다. 질이 낮은 양육에서는 문제 행동이 높아지고, 질 높은 환경에서는 특별하게 자란다. 따라서 아이에게 맞는 기준은 기질에 따라 달라진다.

순한 기질의 아이에게 맞는 육아란 엄마의 소신 육아다. 대중적으로 육아해도 상관없다. 이러한 육아서를 본다면 잠시 덮어두자. 예민한 기질의 아이에게 맞는 육아는 그 중심이 아이에게 있다. 하지만 부모의 행복이 중요한 것도 사실이다. 따라서 그 중심을 부모에게로 천천히 옮겨 접점을 찾는 것이 장기적인 목표다. 또한 아이에게 중심이 가 있어도 덜 힘들 방법은 분명 있다.

예민한 아이에게는 예민한 아이에 맞는 육아를 하여야 한다. 송충이는 솔잎을 먹고 자라듯이. 일정 시기 아이가 원하는 것을 주려 노력하자. 나중에 안정되면 자생력이 생긴다. 그러면 어떤 환경도 자기 스스로 조절하며 살아갈 줄 알게 된다. 그때까지 방법을 알려주며 적정선에서 보호하여야 한다. 특히 내 예민한 아이가 불안한 아이인지 살피자. 그러면 더욱 육아의 중심 추가 아이에게로 옮겨갈 수 있다. 주 양육자의 도움이 일정 기간 필요하다. 이 시기를 잘 보내자. 그러기 위해 아이를 세심히 관찰하고 파악하자. 섬세하게 튜닝된 아이는 더욱 아름다운 소리로 세상에 울릴 것이다.

카시트에만 앉으면 대성통곡해요.

예민한 아기에게 카시트는 고문과 다름없죠. 물론 카시트에 앉히기는 아이의 안전을 위해 차를 탈 때 꼭 지켜야 하는 안전수칙이에요. 하지만 어릴수록 이해하기 쉽지 않겠죠. 어쩔 수 없이 울리고라도 앉히는 경우가 많아요. 아이를 태울 때 모든 방법을 총동원하는 것이 좋아요. 아기를 위해서도 있지만, 안전 운전을 위해서도 그래요. 공갈을 준비하고, 필요시 엄마가 옆에 앉고, 각종 장난감 등. 저는 집에 카시트를 가져와 앉아 놀게 유도하기도 했습니다. 그리고 사실 가장 좋은 방법은 어쩔 수 없이 아기 어릴 때 차 이동시간을 줄이는 거예요. 저희 둘째는 18개월까지 카시트에만 앉으면 그렇게 대성통곡을 했어요. 20분 이상 거리는 다닌 적이 없어요. 어쩔 수 없이 안고 대중교통을 이용하기도 했고요. 다행히 일정 시간이 지나면 괜찮아집니다.

잘못된 미디어 노출이
예민한 아이를 망친다

짧은 시간 세상이 엄청나게 변했다. 내가 어렸을 때는 TV가 현재의 스마트 폰이었다. 우리 남편은 나보다 9살 많은데 TV가 흑백이었던 시절을 안다. 나는 자라며 굉장한 속도로 기술이 발전하는 걸 보았다. '나우누리 통신' 하던 시절부터 'WWW'의 대중화까지. 게임 산업의 흥행, 휴대폰 출시, 현재의 스마트폰으로 오기까지. 우리는 엄청난 것들을 보고 겪으며 자란 세대다.

그런데 우리의 미디어 조절 능력은 어떤가? 본인의 미디어 조절 능력을 한 번 얘기해보자. 잘 조절하는가? 미디어를 즐기느라 할 일을 미루지는 않은 가? 아이 앞에서 원하는 만큼 조절해서 쓰는가? 어른도 되지 않는 미디어 조절이 아이에게는 어떤 영향을 끼치는지 보자.

잘못된 미디어 노출은 거짓 성장을 낳는다

연세 의대 소아청소년 정신건강의학과 신의진 박사는 『디지털 세상이 아이를 아프게 한다』에서 지능은 우수했으나 사회성이 제로였던 중학교 1학년 남자아이의 이야기를 전한다. 과도한 미디어에 노출되면 아이의 머리와 몸은 어른처럼 자랐어도 정서는 그만큼 따라오지 못한다. 박사는 아이의 거짓 성장을 조심하라 말한다.

아이의 부모는 맞벌이를 하는 교사 부부였다. 아이를 키우는 와중에도 석사와 박사를 땄다. 그 사이 아들은 방치되었다. 아주 어릴 때부터 TV나 비디오를 보면서 하루를 보냈다. 아이가 사회 활동을 하도록 이런저런 학원을 보냈으나 아이는 오히려 반발했다. 아이는 컴퓨터에 빠져 관계를 단절했다. 부모와의 관계도 마찬가지였다. 아이의 컴퓨터를 차단하려 했으나 아이가 폭력을 행사하는 등 과격한 행동을 보였다.

한 달간 입원 치료를 했다. 약물과 함께 아이는 '유아적 놀이 활동' 처방을 받았다. 색종이로 개구리와 학을 접었다. 찰흙으로 마음껏 만들기도 했다. 아이는 황당해했지만 내심 즐거워하는 표정이었다. 어느 날은 간호사들과 투호 놀이를 했다. 아이는 너무나 재미있었는지 전래 놀이를 스스로 검색해 다른 놀이를 제안하기도 했다. 엄마 등에 업혀보고 싶다고 말하기도 했다. 아이는 한 달의 입원 치료와 6개월의 상담 끝에 컴퓨터 없이도 행복할 수 있게 되었다.

유아적인 놀이를 친구들이 한심하게 볼 거라고 말하는 아이에게 박사가 한 말은 다음과 같다.

"아니야. 네가 어렸을 때 이런 놀이를 못 해봐서 지금 게임에 푹 빠져 헤어나오지 못하는 거야. 진작 어렸을 때부터 재미있는 놀이를 하면서 사람들이랑 어울렸으면 좋았겠지만, 지금이라도 마음껏 해보면서 즐거움과 행복을 스스로 찾을 수 있는 힘을 기르면 돼."

첫째를 낳았을 때 미국소아과협회에서는 만 두 돌까지 아기들에게 미디어를 보여주지 말라고 했다. 얼마 안 있어 가이드라인이 바뀌었다. 18개월까지 노출을 금지한다. 18개월에서 24개월까지는 부모가 함께 보는 조건으로 1시간까지, 선택한 프로그램에 한해 노출 가능하다. 그 후 취학 전까지도 영상 노출 시간은 1시간 정도 부모의 감독 아래서 이루어져야 한다.

이렇게 제한하는 이유가 뭘까. 미디어에 많이 노출된 아이들은 뇌가 달라진다는 연구 결과다. 사회적 상호 작용과 신체 능력을 사용하는 시간이 줄어 발달에 저해가 된다. 강한 자극에만 반응하는 일명 팝콘 브레인이 된다. 그런데 이런 가이드라인을 제대로 따르는 부모가 얼마나 되는가? 나는 지키려고 노력했으나 내 주변에서는 별로 보지 못했다. 그나마 나는 알기에 가능했다. 몰라서 하지 못하는 부모도 많다.

예민한 아이일수록 더 부작용을 겪기 쉽다

엄마 K는 예민한 아이를 키우며 너무 힘이 들었다. 밤에 잠도 못 자고 낮잠도 어려웠다. 하루 종일 아이에게 시달리다 지쳐 어느 날 이건 아니라는 생각 들었다. 아이를 때리거나 던지기 일보 직전이었다. 사람을 쓰기도 어려운 상황이었다.

고민하다 영상을 보여주었다. 아이는 영상에 너무나 빠져들었다. 넋을 놓고 보았다. 영상을 보여주니 살 것 같았다. 엄마도 한숨 돌리고 쉴 수 있었다. 처음에는 딱 한 시간만 보여줬다. 영상 보는 시간은 달콤했다. 아이 돌봐주는 도우미나 다름없었다. 그런데 점점 노출 시간이 길어졌다. 좀 줄여야 한다는 걸 알면서도 줄일 수 없었다.

아이는 영상에 강하게 집착하기 시작했다. 어느 순간부터 영상이 없으면 울고 떼를 쓰기 시작했다. 결국 노출 시간은 더 늘어나고 말았다. 이제 아이는 영상이 없으면 패닉에 빠진다. 원래도 밖에 잘 안 나가려 했는데 더 나가지 않으려 한다. 사람들과 접촉하는 시간도 줄었다. 얼마 전에는 대화하다 대답은 안 하고 TV에 나오는 말을 토씨 하나 안 틀리고 그대로 따라해 흠칫 놀랐다. 엄마와의 눈 맞춤 시간도 적어졌다.

고민하다 엄마는 센터를 찾아 검사를 받았다. 아이는 자폐 스펙트럼 위험 진단을 받았다. 당분간 영상을 금지할 것을 처방받았다. 엄마는 시간을 돌릴 수 있다면 돌리고 싶다.

중요한 것은 어릴 때 노출을 제한해야 한다는 것이다. 어릴 때는 감각 발달의 중요한 시기다. 무엇이든 스펀지처럼 빨아들이며 뇌가 굉장한 속도로 자란다. 예민한 아이들은 더욱 강한 자극을 받을 수 있다. 뭐든지 5배에서 10배 더 강한 자극으로 받아들이는 아이들이다. 아이가 미디어에 의존하는 모습을 보이면 적신호다.

나는 공대를 나왔다. 초등학교부터 게임을 했으며 컴퓨터 공학을 전공했다. 미디어를 잘 사용할 수 있는 방법도 있다. 사실 나는 미디어의 현명한 사용에 긍정적이다. 시뮬레이션 게임으로 나는 나의 전전두엽을 발달시켰으며, 게임으로 사람을 만나며 오히려 부족했던 사회성을 높일 수 있었다. 나중에 학교에 진학해서도 나만큼 프로그래밍을 하는 사람이 없었다.

컴퓨터는 일종의 놀잇감이었다. 후에 이런 장점을 모두 누릴 수 있다. 중요한 것은 어린 시절이다. 그때를 잘 넘기면 된다. 그런데 그게 어려운 것이다. 미디어는 사실 생활 습관이기 때문이다. 실제로 미디어를 많이 사용하는 부모의 아이들이 미디어를 많이 사용한다고 연구 결과는 말한다. 미디어에 푹 빠져 있던 부모가 갑자기 아이를 낳고 그걸 차단하려면 얼마나 힘들까. 육아를 넘어 우리는 우리의 라이프스타일을 진단해야 한다.

나는 다행히 아이 두 돌까지 영상 미디어를 노출하지 않았다. 미국소아과협회에서 준 이전 권장 가이드라인을 따랐다. 두 돌까지 미디어에 노출시키지 않는 것이 부정적인 뇌 변화를 막는다는 소견이었다. 나는 알고 그리했는데, 몰라서 실수하는 엄마들이 많았다. TV를 많이 보여주지 않는 것이 좋은 줄은 알지만 정확한 가이드라인을 모르는 것이다. 권장 가이드라인은 계속 변한다. 하지만 공통적으로 아주 어린 시절에는 노출하지 않는 것이 좋다고 이야기한다. 그리고 둘째는 첫째 때문에 아예 막기가 쉽지 않았다. 둘째는 다행히 어린 시절부터 첫째와 상호 작용이 많아 완충이 되었다. 그래도 첫째가 영상을 볼 때 낮잠 시간을 활용하는 등 둘째의 활동 시간과 분리하도록 노력했다.

어린 시기 미디어를 노출하지 않는 것이 좋은 이유는 TV에서 주는 감각적 자극이 실제 인간 사회에서 겪는 사회적 자극과 크게 다르기 때문이다. 예를 들어 TV에서 나오는 소리는 디지털 소리이다. 아무리 같은 사람이 이야기해도 실제 사람이 앞에서 이야기하는 것과 그 소리는 차이가 난다. 보통 아이들이라면 괜찮을 수 있지만 특히나 뇌가 섬세한 아이들은 이 소리의 차이에 더욱 민감하게 반응할 수 있다. 뇌 회로가 TV에만 적응하면 디지털 소리에만 반응하게 된다.

또한 시각적 자극도 인간 세상의 자극과 크게 다르다. TV 화면은 계속 장면이 넘어간다. 그리고 평면적이다. 사람과 만나 눈을 바라보고 이야기할 때 얻을 수 있는 자극과는 천지 차이다. 또한 상호 작용이 없다. 사람과는 주거니 받거니가 되지만 영상이 주는 자극은 일방적이다. TV에 적응된 아이들은 인간 세상의 자극을 인식하지 못하고 거부할 수 있다.

꼭 TV뿐만 아니라 라디오도 마찬가지다. 라디오의 소리도 디지털 사운드이기 때문이다. 청각이 다 발달하기 전에는 라디오를 자주 틀어놓는 것도 좋지 않다고 연구 결과는 말한다. 안타깝게도 예민한 아이일수록 더 부작용을 겪기 쉽다.

나는 운 좋게 피해갔으나 그렇지 못한 부모가 많은 것을 안다. 잠깐의 실수로 오랜 기간 고생하는 경우가 많다. 그래서 더 사회적인 관심이 필요하다. 주변의 순한 기질 아이들 부모가 편히 미디어를 보여주는 문화도 문제다. 그들은 괜찮다고 말한다. 그런데 예민한 아이들에게는 괜찮지 않다. 예민한 아이 부모가 예민한 아이 부모와 어울리며 예민한 아이에게 맞는 육아를 해야 할 이유다.

또한 가족 구성원과의 갈등도 큰 어려움이다. 보통 엄마가 알고 신경 쓴다고 해도 남편은 하루 종일 핸드폰만 바라보는 경우가 많다. 그러면 이런 정보를 알고 있는 엄마들은 불안해진다. 남편이 아이에게 해를 끼치는 사람으로 느껴지기 때문이다.

나도 그랬다. 남편은 TV 없인 못 살았다. 하루 종일 유튜브를 봤다. 처음엔 굉장히 많이 다퉜다. 그러다 부부싸움도 미디어 못지않게 좋지 않다는 것을 알았다. 결국 나는 남편에게 방을 하나 내주어 공간을 분리했다. 내가 잘하면 된다고 믿었다. 육아하는 시간에는 핸드폰을 아예 멀리 두고 들여다보지 않았다. 내가 없을 때는 남편에게 부탁은 하되 어느 정도 내려놓았다. 남편과의 미디어 갈등은 사라졌다.

모든 사람들이 이렇게 미디어로 인한 크고 작은 어려움을 겪을 것이다. 평생의 숙제가 주어졌다. 하지만 우리는 잘 해낼 것이다. 여태까지 그랬던 것처럼.

미디어의 발달은 세상에 큰 혁명을 일으켰다. 사람들의 삶은 180도 달라졌다. 이전으로는 돌아갈 수 없을 지경이다. 하지만 인간의 뇌는 그리 빠르게 진화하지 않는다. 얻은 것도 있지만 잃은 것도 있다. 잃은 것 중 하나가 편하게 육아할 수 있는 환경이다. 부모는 아기를 미디어로부터 보호하기 위해 전전긍긍하게 되었다. 특히 본인의 라이프스타일이 그렇지 않다면 더욱 어렵다. 부부 사이 갈등이 되기도 한다. 그나마 조절해야 한다는 것을 안다면 부작용이 적지만, 가이드라인을 모르는 부모조차 많다.

사실 순한 기질의 아이들은 이래도 저래도 잘 자란다. 항상 데미지를 받는 것은 예민한 기질의 아이들이다. 안 그래도 육아가 힘든데, 미디어 부작용까지 심하다 보니 부모들은 더욱 지친다. 모든 비난을 혼자서 받는다. 잠시 쉬려고 잠깐만 보여줘도 불안해진다. 거기다 아이는 이런 부모의 마음을 아는지 모르는지 조금만 시간이 노출 길어져도 외출을 거부하고 미디어에 집착한다. 이런 모든 상황을 이해하자. 모든 예민한 부모들이 겪는 어려움이다.

아이는 평생을 미디어와 자기의 삶을 조절하려고 노력하게 될 것이다. 아이에게 어릴 때부터 그 노하우를 가르치자. 시행착오는 극복하면 된다. 무엇보다 부모가 변하여야 한다. 조절만 할 줄 안다면 미디어의 장점을 더욱 극대화해서 누리게 될 것이다.

예민한 아이 육아법

문화센터나 기관 활동에
전혀 참여하지 않아요. 마이웨이예요.

하고 싶지 않은 활동을 할 때 아이는 괴로워서 피하고 움츠러들거나, 마구 자극 추구를 하는 산만한 모습을 보일 수 있어요. 저는 개인적으로 너무 어릴 때 문화센터를 추천드리지 않습니다. 음악소리가 너무 자극적이고 과도하게 밝은 실내조명에 아이가 과자극을 받게 됩니다. 활동도 잘 안 되고 밤잠 재우기도 힘들어져요. 물론 좋은 활동을 찾을 수도 있어요. 아이들 수가 적고 너무 자극적이지 않은 프로그램이 좋습니다. 아이가 안정될 때까지 조금 기다리며 편안한 환경을 접하게 해주는 것이 더 쉽습니다. 만약 한다면 발품을 팔아 아이에게 맞는 활동을 찾아보세요. 좋은 활동은 엄마들과 유대가 생기고 공동 육아 같은 인연으로 나아가게 만들어줍니다. 저는 숲 체험과 아기학교 프로그램이 좋았어요. 기질이 비슷한 아이가 많은 활동을 찾으면 더욱 좋습니다. 보통 예술이나 자연 활동에 비슷한 아이들이 많아요.

06

예민한 아이들에게
시간을 주세요

예민한 아이들은 발달의 불균형이 일어나기 쉽다. 발달 불균형이 두드러지는 것은 영재 아이들의 특성이다. 예민한 기질은 영재성과 관련이 높다. 민감한 분야에서 특히 더 먼저 발달하고 다른 쪽은 평균과 비슷하거나 느리다. 아이는 이렇게 불균형이 높아지는 것만으로 불안이 높아질 수 있다. GES영재교육센터의 지형범 대표는 아이의 불균형은 결국 높은 쪽을 좇아 발달하게 되며, 단지 시간이 걸릴 뿐이라고 말한다. 그리고 꼭 불균형 때문만이 아니라도 생각의 뇌인 전두엽 발달이 느릴 수 있다. 감각과 감정의 과부하를 유발하는 세상에 적응하고 나서야 비로소 하나씩 발달하게 된다. 예민한 아이가 그냥 느린 아이와 다른 것은 능력이 떨어지는 것이 아닌, 그저 시간이 좀 더 걸릴 뿐이라는 것이다.

예민한 아이에겐 발달 불균형이 존재한다

많은 엄마가 한글 노출에 관심이 많다. 특히 유치원 즈음 되면 엄마들은 "한글 뗐어요?"라는 질문을 꼭 한 번씩 한다. 나는 아이가 어릴 때부터 한글을 노출했다. 책을 읽을 때 제목을 짚어주었다. 그리고 영재교육인 글렌도만 문화센터에 다녔다. 그러면 아이는 자연스레 통문자에 노출되게 되니까. 그런 이유 중 하나는 내가 한글을 일찍 뗐기 때문이었다. 자연스럽게 노출하다가 '나처럼 일찍 떼면 혼자 책을 읽을 테니 수월하겠다.' 라고 생각했다.

그런데 아무리 신경을 써도 아이는 한글을 인식하지 못했다. 재밌는 놀이여도 잠시뿐. 다섯 살에도 'ㅏ'와 'ㅓ'를 헷갈려 했다. 방향 인식을 어려워했다. 그리고 글자 자체를 괴로워하기까지 했다. 나중에 알았지만 내 아이는 우뇌형 아이였다. 남편이 한글을 초등학교 늦게 뗐다. 뗄 때 고생을 많이 했다고 한다. 아이는 내가 아닌 남편을 닮아 선천적으로 문자가 느렸다. 대신 소근육 발달이 빠르고 예술적 재능이 뛰어났다.

반면 둘째는 나를 닮아 문자 인식이 빠르다. 공부하다 우뇌 성향은 청각 자극을 주는 것이 좋다는 것을 알았다. 청각이 과민하고 음운 인식이 느려 그로 인해 문자 학습이 느릴 확률이 높았다. 이를 알고 문자를 가르치기보다는 글자 소리를 인식하는 교재를 사다 가끔 들려줬다. '아. 아. 아~', '어. 어. 어

~', '이. 이. 이~' '아. 기~', '고. 기~' 이렇게 글자를 말로 끊어 읽어준다. 먼저 소리가 분리된다는 것을 인식해야 상징문자의 패턴 체계를 인식한다. 보통 아이들은 통문자에 노출하기만 해도 자연스럽게 그런 음운과 패턴 인식의 과정을 거치는데 우뇌형 아이들은 그렇지 않다. 참 많이 공부했기에 후에 기회되면 자세히 써보겠다.

이렇게 전문 자료를 찾아가며 여러 노력을 했지만 그래도 역시 상징 학습이 빠르지 않았다. 나는 믿고 기다려야 했다. 그리고 나의 내면아이를 치유해야 했다. 나는 어렸을 때 공부를 잘해서 예쁨을 받았다. 나는 부모님께 그리고 가족들에게 사랑을 받지 못하고 자랐다. 그런데 공부를 잘하는 나는 사랑받았다. 공부를 잘하는 것은 내 무기가 되었다. 나의 빠른 문자 인식 능력은 여기서 빛을 발했다.

공부는 나에게 놀이였는데 이런 어른들의 반응으로 후엔 나의 생존법이 되었다. 그래서 나는 아이가 한글이 늦는 것을 알고 누구보다 실망했다. 하지만 알고 보니 실망했던 내 마음에는 상처받은 어린 아이가 있었다. 존재가 아닌 공부 잘하는 아이로만 사랑받았던 내 자신. 나는 이렇게 외치고 있었다.

'이 힘든 세상 어찌 살아남으려고 그래! 어서 배워! 그래야 네가 사는 거야!'

그건 내가 나에게 하는 말이었다. 나는 그러한 내면아이의 아픔을 자각했다. 펑펑 운 어느 날 후로 더 이상 아이에게 서두르지 않았다. 물론 꾸준히 노출은 했다. 하지만 실망하지 않았다. 그러자 아이와 관계가 더욱 좋아졌다. 내가 성장하자 아이도 성장했다. 아이는 순서대로 발전했다. 방향 감각이 생겼으며, 패턴을 인식하기 시작했고, 숫자를 인식했으며, 그 다음 글자를 인식했다. 단계별로 확실한 성장을 보여주니 이를 관찰하는 것이 즐겁다. 시간이 좀 더 걸리지만 나는 아이가 해낼 것을 믿는다.

모든 예민한 아이 부모들은 이렇게 학습적인 것도 그렇지만 간단한 생활부터도 어려움을 겪는다. 보통 아이들은 쉽게 적응하는 규칙적인 생활 습관부터 삐걱인다. 예를 들어 아이의 이를 닦는다고 생각해보자. 예민한 아이의 부모들은 이를 편안히 닦기 위해 오랜 시간을 고생한다. 아이는 거부하고 울고 깨물어버린다. 온갖 책을 사서 읽어주고, 인형을 동원하고, 스티커로 꼬신다. 하지만 매일 여러 번 이런 일을 겪으면 지칠 수밖에 없다.

첫째는 편안히 손을 씻는데도 세 돌까지 기다려야 했다. 손을 한 번 씻기기 위해 얼마나 아이를 설득하고 달래며 유혹해야 했는지. 30개월 둘째는 현재 식탁 의자에 제발 앉아서 밥을 먹어주었으면 좋겠다. 식탁 의자에서 버티긴 버티는데 앉지는 않고 항상 일어나 춤을 춘다.

이 기가 막힌 일들이 그저 시간이 지나면 해결되는 문제다. 그동안 부모는 참을 인을 아로새긴다. 특히 잠 문제는 미치고 환장할 노릇이다.

아이의 기질에 맞추어 수면 교육을 보류한 프랑스 엄마

요즘 수면 교육이 인기다. 아기를 훈련시켜 스스로 잠들며 푹 자는 아이로 만드는 것이다. 그러기 위해 엄마는 일정 기간 아이가 좀 울더라도 인내하고, 아이가 잠들 때까지 기다린다. 이런 육아법의 열풍인지 채널A〈요즘 육아 금쪽같은 내새끼〉 8회에 프랑스 엄마와 한국 아빠가 나왔다. 프랑스 엄마는 완벽했다. 놀이, 훈육, 수면 습관까지 뭐 하나 흠잡을 데 없는 슈퍼맘이었다. 따듯하고 단호하게 양육했다.

그런데 한 가지 어려움이 있었다. 금쪽이가 밤잠 들 때 울며 엄마를 강하게 찾는 것이었다. 엄마는 단호했다. 프랑스 방식으로 아이가 스스로 잠들도록 울어도 밖에서 반응하지 않고 기다렸다. 요즘 엄마들이 선호하는 방식이었다. 이를 보는 한국 아빠는 전전긍긍했다. 아이를 달래려 하기도 하고, 엄마를 설득하려 하기도 했다. 우리나라 전통적인 육아법에서는 우는 아기를 안아 달래 재우는 것이 일반적이니 당연해 보이는 행동이었다.

이를 보며 오은영 박사는 아이의 기질을 거론했다. 이렇게 잠들기 힘들어

하는 아이는 기질적 이유가 있다. 좀 더 엄마가 옆에서 도와주는 것이 좋다고 조언했다. 결국 엄마는 자신의 방식을 잠시 내려놓고 아이가 편안히 잠들 때까지 기다렸다. 대신 아이가 중간에 깨도 엄마라고 생각하고 다시 잠들 수 있도록 엄마 목소리가 녹음된 인형을 선물해주었다. 그리고 아이가 잘 잘 수 있을 때까지 기다리며 도와주기로 약속했다. 가정은 평화를 되찾았다.

예민한 아기들에게는 급한 육아가 맞지 않는다. 아기는 아직 버틸 능력이 없다. 만약 버틸 능력이 없는데 기다려주지 않는다면 그 부분을 잘 발달시키는 데 어려움을 겪게 된다. 예를 들어 울다가 포기하는 걸 먼저 습득하면, 울다가 진정해 다른 활동으로 나아가는 대안을 찾는 방법을 배우지 못한다. 또한 매번 운다고 그냥 강제적으로 해버리면, 그 경험에 무의식적으로 좋지 않은 감정을 가지게 된다.

아이가 어릴 때 특히 두 돌 전에는 대중적인 육아를 참고하지 말자. 예민한 아이를 어떻게 키우는지를 참고해야 한다. 물론 평균적으로 어떻게 키우는지를 아는 건 중요하다. 결국 아이는 보통 아이들과 어울려 놀게 되기 때문이다. 아이는 기질을 뛰어넘어 성격 발달이 이루어지는 시기가 온다. 하지만 아이가 어릴수록 휘둘리지 않고 참고하는 선이어야 한다.

예민한 아이를 키우는 엄마 U는 마음이 답답하다. 문화센터에만 가면 아이가 엄마에게 붙어 떨어지지 않기 때문이다. 다른 아이들은 자연스럽게 재밌는 게 나오면 다가간다. 노래가 나오면 춤추며 신나한다. 선생님이 시키면 따라 한다. 그런데 아이는 엄마 옆에 붙어 있다가 입구에 가서 신발을 만지작거린다. 신발장 문을 열었다 닫았다 한다. 왜 왔는지 모르겠다. 올 때에도 있는 짜증, 없는 짜증을 다 부리는 아이를 보쌈해 데려왔는데. 다른 아이들과 함께 있으니 더욱 비교가 된다. 다른 점이 눈에 띈다.

그동안은 참았는데 이제는 한계다. 오늘만큼은 내 아이가 정상인지 의심스럽다. 집에 돌아가서 한참을 검색해 찾아보며 한숨만 푹푹 쉰다. 다음에 수업에 갔을 때는 아이를 억지로라도 선생님께 데려간다. 엄마가 막 신난 척을 해보기도 한다. 아이는 잠시 버티다 또 이탈한다. 정말 화가 난다. 집에 돌아오는 길에 아이를 잡았다. 눈물이 난다. 아이 하나 키우는 게 왜 이렇게 힘들어야 하는지 모르겠다.

왜 엄마는 아이가 또래 아이들처럼 활동하기를 바라는 걸까? 답은 간단하다. 다른 아이들도 그러니까. 평균에서 심하게 벗어나면 불안한 것이 당연하니까. 그러나 이것을 잊지 말자. 예민한 아이는 다르다. 기질이 다르다. 피부색이나 인종이 다른 것처럼 그냥 다른 사람이다. 유전자 정보가 다르기 때문이다.

가끔은 예민 아이 월드를 만들었으면 좋겠다. 다 같이 모여 살면 비교 안 할 것 아닌가. 거꾸로 순한 기질 아이가 소수로 존재한다고 생각해보자. 놀이터에 순한 기질의 아이가 왔다. 엄마는 다른 아이들을 보며 '우리 아이가 왜 이렇게 밋밋하지?' 하고 고민할 것이다. 이건 비율의 문제다. 예민한 기질의 아이가 소수라서 이상해 보이는 것이지, 아이가 이상한 것이 아니다. 관점을 바꾸자. 그리고 애초에 예민 아이 월드에서는 세 돌 전에 문화센터도 오픈하지 않을 것이다.

아이는 다 나름의 속도대로 자란다. 빨리 발달하는 아이가 있는 반면 느린 아이도 있다. 예민한 기질의 아이가 힘든 것은 불균형 발달 때문이다. 어느 부분은 발달이 빠른데 어느 부분은 느려 부모가 느린 부분을 걱정하기 쉽다. 아이 스스로도 불안의 요소가 되기도 한다. 또한 세 돌 전 예민한 아이들은 전반적으로 전두엽 발달이 느리다. 좀 더 오래가는 케이스도 있다. 아이를 규칙적인 생활에 적응시키는 것은 정말 피땀 어린 노력을 필요로 한다. 단지 시간이 좀 더 걸릴 뿐이다. 안정되면 아이는 자신만의 속도로 이 세상에서 빛을 발한다. 기다리자. 인내하자. 그래서 더 달콤한 열매를 맛보자.

한글 학습 언제부터 시켜야 할까요?

예민한 아이 중에는 한글 인식이 빠른 아이들이 있어요. 반대로 아주 느린 경우도 있어요. 내 아이가 어떤 케이스인지 알면 좋아요. 어릴 때부터 한글을 짚으며 묻는 아이라면 빠른 아이일 가능성이 높고, 문자에 관심이 전무하고 심지어 피한다면 느린 케이스일 수 있어요. 어떤 케이스이든 아이가 원하는 때가 가장 맞는 때예요. 뇌가 받아들일 수 있는 준비가 된 거거든요. 하려는 아이를 억지로 못 하게 하거나, 못 하는 아이를 억지로 시킬 필요 없어요. 대신 꾸준히 자연스러운 노출은 해주세요. 그래야 아이의 반응을 관찰할 수 있어요. 그리고 때가 되었을 때 알아챌 수 있고요. 아이의 불균형을 이해하여 잘하는 부분은 살리고, 못하는 부분은 지원하는 것이 좋아요.

07

당신은
예민한 부모인가?

예민함이 부정적으로 쓰이다 보니 부모가 예민하다는 건 안 좋은 의미로 쓰이는 경우가 많다. 부모가 예민해서 아이도 예민하다고 부정적으로 말하는 것이다. 하지만 부모가 예민하면 아이가 예민한 건 당연하다. 왜냐하면 예민한 기질은 유전자로 전해지니까. 예민한 아이는 예민한 아이에 맞게 예민하게 양육해야 한다. 누가 송충이에게 솔잎 아닌 밤나무 잎을 먹으라 하는가. 그리고 예민하다는 건 나쁜 뜻이 아니다. 뭔가를 느끼는 능력이 빠르고 뛰어나다는 뜻이다. 다만 조심해야 할 것은 불안이다. 예민이 불안으로 넘어가는 순간부터 삐걱인다. 예민이 불안으로 탈바꿈하는 사인이 뭘까. 마음이 조급해지고, 비교하게 되고, 감정적이게 된다. 현재를 충분히 누리지 못하게 된다. 그것이 아니라면 충분히, 예민해도 괜찮다.

예민한 아이는 예민하게 키워야 한다

첫째 5개월에 손목 통증이 심해졌다. 아이 백일 때쯤 아이를 안다가 인대가 늘어났었다. 손목보호대를 껴서 겨우 버텼는데 손을 쓰지 못할 정도가 되었다. 고민 끝에 한의원에 방문했다. 나는 침 공포증이 있다. 또한 아이가 나와 떨어지면 격렬하게 반응하는 걸 알고 있었다. 특히 아빠랑은 별로 친하지 않았다. 그런데 어쩔 수 없었다. 내가 살아야 아이가 사는 거니까. 산소 호흡기를 엄마가 먼저 껴야 한다고 하지 않나. 나를 우선순위로 두고 병원에 갔다.

아이는 엄마와 떨어지며 찢어지게 울었다. 침을 맞는데 건물 전체에 바깥에 있는 아이 울음소리가 울려 퍼졌다. 가까스로 15분쯤 버텼다. 그런데 아이의 성량이 너무 크고 울음이 소리를 지르는 수준으로 거세져 그냥 있을 수 없는 지경이 되었다. 침을 빼고 밖으로 나갔다.

아이는 쉽게 진정되지 않았다. 너무 격하게 울어 고개 경련 증상이 일어났다. 그런데 고개 경련 증상이 며칠이 지나도 계속되었다. 아이 기분이 좋을 때나 격하게 울 때 증상은 더 심해졌다. 걱정되어 병원 진료를 받으러 갔다. 제대로 진료를 받을 수 없을 정도였다. 아이가 너무 울고 발악하기 때문이었다. 선생님 말소리가 잘 들리지도 않았다. 선생님은 간질을 의심했다. 큰 병원으로 가보라고 말했다. 여러 병원을 전전했지만 뚜렷한 병명을 들을 수 없었다.

아이에게 진정제를 계속 먹일 수는 없는 노릇이었다. 아이의 감정이 격해지면 증상이 심해지기에 아이에게 더욱 맞추어 반응하게 되었다. 엄마가 오래 떨어져 있는 상황도 최소화했다. 그 증상은 두 돌 즈음 조금 완화되었다. 세 돌 때는 완전히 사라졌다. 너무나 민감해 강렬한 자극과 감정을 조절하기엔 뇌가 미숙했다. 덕분에 나는 자연스럽게 아이에게 민감하게 반응하고 양육하게 되었다.

두 돌 즈음 아이의 햇빛 거부 증상이 심해져 센터 검사를 받았다. 검사 결과 아이는 안정 애착이었다. 내가 이렇게 반응했고 자극에 적응하도록 이렇게 노력했다고 이야기하니 선생님이 잘했다고 이야기해주셨다. 마지막에 가지고 놀던 고양이 인형을 돌려주어야 했다. 아이는 고양이에 집착이 강한 아이였다. 엄마가 차분히 설득하니 울며 고양이 인형을 돌려주었다. 대신 엄마에게 안겨 엉엉 울었다. 그 모습을 보고 선생님이 격한 칭찬을 해주셨다. 엄마가 노력하니 잘 자랄 거라고 말씀해주셨다.

나는 내 본능대로 아이에게 행동했을 뿐이었다. 물론 공부도 했지만 확신이 없었더라면 그러지 못했을 것이다. 그런데 내가 하는 것들이 맞다는 이야기를 듣자 조금 더 자신감이 높아졌다. 사람들에게 이 이야기를 알리기 시작했다.

엄마가 불안하면 역효과를 낸다

앞서 이야기한 불안을 다시 한 번 짚어보자. 예민한 아이를 예민하게 키우는 것은 옳으나, 예민한 아이를 불안한 마음으로 키우는 것은 좋지 않다. 부모는 출렁이는 불안 파도에서 흔들리는 아이 배의 돛이 되어주어야 한다. 그런데 사실 모든 부모는 불안하다. 이 시대가 그렇다. 아이를 키우기 어려운 세상이다. 온갖 질병과 변화로 사람들은 매일 마음의 안정을 위해 온 힘을 기울인다. 또한 본능이 그렇다. 부모의 불안은 아이를 지키기 위해 내재되어 있는 생존 방식이다. 그러니 불안한 것이 문제가 아닌 불안을 모르는 것이 문제가 된다.

불안을 자각하는 사람들은 더 이상 불안하지 않다. '아, 내가 불안하구나.' 하고 알아채는 것만으로 마음은 누그러든다. 방법을 찾고 감정을 조절하게 되는 것이다. 하지만 자신이 불안한지 모르는 사람들은 불안에 휩쓸려 휘청휘청 살아간다. 생각의 뇌가 움직이지 않는다. 큰 그림을 보지 못한다. 감정적이 된다. 이런 부모들은 헬리콥터 맘이 된다. 아이의 일거수일투족을 감시하며 부모가 원하는 인생을 살게 만드는 것이다. 아이를 위해서라는데, 사실 부모의 불안을 위해서다.

　나의 불안을 살피자. 그래도 이 정도면 잘하고 있다고 생각하는지 나 자신을 바라볼 것. 아이가 느려도 수용할 수 있는지 살필 것. 휘몰아치는 감정을 손님처럼 바라볼 수 있는지 생각할 것. 무언가 걸리는 게 있다면 나는 불안한 상태다. 하지만 자각했으므로 이제는 불안하지 않다. 이렇게 알아차린 불안을 역이용하면 된다. 내가 무엇이 불안한지 적고 그때 왜 그런 생각이 들었는지 나의 현재 환경과 과거 환경을 돌아보자. 내가 불안해하는 일이 내 아이에게 일어나지 않을 것을 믿자. 하지만 거기서 배울 점이 무엇인지 파악하자.

　오은영 박사는 『불안한 엄마, 무관심한 아빠』에서 불안한 부모는 과잉 개입이나 과잉 통제하는 양육 모습을 보인다고 조언한다. 과잉 개입하는 부모는 대체로 잔소리를 한다. 아이를 과잉 준비시킨다. 아이의 자율성을 침해한다. 과잉 통제하는 부모는 지나치게 많은 규칙을 만들어 아이를 통제한다. 아이에게 칭찬을 절제한다. 아이의 기를 죽인다.

　박사에 의하면 아이는 부모가 아이를 혼내고 패대기를 쳐도 또다시 엄마, 아빠 부르며 달려온다. 아이는 이토록 힘든 순간을 쉽게 용서한다. 그래서 부모들은 아이를 쉽게 생각한다. 마음속에 응어리가 생기는 것을 모른다. 알면서 간과하기도 한다. 이 모든 문제는 사춘기에 터진다. 불안은 전염성이 강해서 불안하지 않은 사람도 불안해지게 만든다. 불안한 부모 아래 아이는 불안해진다.

불안을 다루려면 불안을 인정해야 한다. 인정하고 바라보라고 오 박사는 말한다. 그러는 것만으로 충분히 다스려진다. 한두 번 그렇게 하면 행동이 달라진다. 주변의 불안도 낮아진다. 그런데 대체 이런 불안은 어디서 비롯될까?

부모들이 불안해지는 중요한 이유는 중 하나는 휩쓸리기 때문이다. 내가 주체가 되어 양육을 이끌어나가야 하는데, 현실은 그렇지 않다. 수많은 육아 정보에 파묻힌다. '하라는 대로' 하게 된다. 먼저 내 아이의 눈을 바라보아야 한다. 나의 육아 본능을 끌어내는 사람들을 만나라. 그리고 꾸준히 공부해야 한다. 내 아이에 대해서 그리고 나에 대해서. 전문가의 의견을 참고하자. 하지만 결정은 내가 내리는 것이다. 그리고 모든 책임은 내가 지는 것이다. 무엇이 맞는지 고민하고 또 고민하자.

『내 아이를 위한 500권 육아 공부』의 저자 우정숙은 예민한 기질의 아이를 키우며 주도권을 찾은 경험담을 전한다. 세 돌을 정성으로 보살폈는데도 아이는 엄마와 떨어지려 하지 않았다. 좀 늦어도 다섯 살에는 문제없이 분리될 줄 알았는데 현실은 그렇지 않았다. 결국 아이와 유명한 아동심리상담 전문가를 찾았다. 상담자는 아이와 엄마를 5분 정도 지켜보며 상호 작용을 진단했다. 상담사는 엄마가 지나치게 아이에게 잘해준다며, 코칭을 받으라고 이야기했다. 엄마는 놀랐다. 육아 공동체 지인들도 한결같이 그 진단에 동의할 수 없다는 이야기였다. 결국 시에서 운영하는 상담 프로그램을 통해 다른 상담사를 만났다. 그 상담사는 완전히 다른 이야기를 했다.

"아이가 왜 꼭 다섯 살에 유치원에 가고, 영화를 봐야 하죠?"

"꼭 해야 하는 건 아니지만 다른 아이들이 아무렇지 않게 할 수 있는 행동을 못 하는 건 문제 있는 거 아닌가요?"

"사람은 모두 타고난 기질과 성향이 달라요. 아이가 예민한 것은 맞지만 그 예민함이 나쁜 건가요? 예민한 아이 중에 감각이 발달하고 똑똑한 아이들이 많아요."

엄마는 다른 아이들이 아무렇지 않게 할 수 있는 것을 못 하니 걱정이라고 말했으나 상담사는 다른 게 뭐가 문제냐고 생각하라 조언했다. 단 5분이라도 서서히 적응하게 도와주라고. 그런데 만약 그걸 잘 해내지 못하더라도 그게 뭐가 대수냐고 말했다. 엄마는 크게 깨닫고 결국 두 번째 유치원을 그만두었다. 기다려주며 다른 알찬 활동을 채워 넣었다. 후에 아이는 자신만의 때에 자신만의 속도로 잘 적응했다.

우정숙 작가의 이야기를 읽고 너무나 공감했다. 나도 상담을 많이 다녔다.

여기 말 다르고 저기 말이 다르다. 예민한 아이 엄마가 전문가의 상담을 통해 도움을 얻고 싶다면 한 군데만 맹신하면 안 된다. 그건 기관 한 곳만 가보고 결정 내리는 것과 같다. 최소 두 군데 이상 가보라. 분명히 나오는 이야기가 다를 것이다. 그 이야기를 취합하여 나와 내 아이에게 맞는 것을 뽑아내야 한다. 누구도 예민 아이 육아를 부모만큼 다 알지 못한다. 그리고 가장 잘 아는 사람은 바로 예민한 아이 본인 자신이다.

예민한 아이 육아, 멀리 돌아가지 말자. 예민한 아이 부모는 아이와 주파수를 맞추어 예민해져야 한다. 그저 불안한 부모가 아니면 된다. 정확히 말하면 불안을 자각하는 부모가 되어야 한다. 불안은 어느 부모나 가진 양육의 공통 요소이다. 차라리 불안을 이용하라. 불안을 자각함으로써 불안에서 벗어난다. 불안을 역이용해 나와 내 본능이 원하는 걸 알아차리면 방법을 찾게 된다. 이렇게 섬세하게 양육하다 보면 아이가 스스로를 조절할 줄 알게 될 것이다. 그때가 되면 예민하지 않은 세상으로 내보내라. 그러면 아이는 그 세상에서 부모가 그랬듯 자신을 섬세하게 챙기며 잘 살아갈 것이다.

08

아이를
예민하게 만드는
꼭꼭 숨겨진 이유들

사실 요즘 예민하지 않은 사람이 있는가? 분명 예민한 기질을 타고나는 사람은 존재한다. 그런데 요즘은 그렇지 않은 사람도 예민해진다. 사회와 격리되어 혼자 집에 있고, 종일 마스크를 쓰고 일하다 보니, 일자리가 줄어들고 수입이 불안정해지니, 다들 정신적 신체적 고통을 호소한다.

내 아이가 진짜로 예민한지 한번 살펴보자. 선천적으로 예민한 건지, 아니면 후천적으로 예민한 것인지. 아니면 정신적 측면이 아닌 신체적인 증상인 것인지. 다양한 의견이 있다. 먼저 신체적으로도 예민했던 우리 아이 이야기를 해본다.

아이의 신체 반응을 살펴라

둘째는 이빨이 늦게 났다. 보통들 6개월 즈음 치아 하나가 올라온다. 하지만 둘째는 6개월이 되어도 8개월이 되어도 계속 소식이 없었다. 오래 기다리다 첫 돌에 하얗고 보석 같은 이빨이 삐쭉 올라오기 시작했다. 얼마나 기뻤는지 모른다. 이빨이 늦게 나서인지 아이에게 이유식 먹이기가 힘들었다. 먹는 구조 때문의 어려움도 있었겠지만, 아이의 두드러기 때문에 더 힘들었다. 쌀죽은 괜찮았다. 그런데 다른 음식이 들어가면 하나 둘 뭐가 났다. 특히 반응하는 것은 단백질이었다. 소고기, 계란, 닭, 모든 단백질에 두드러기가 났다. 또한 과일에도 반응했다. 도대체 제대로 먹일 수 있는 것이 없었다.

소아과에서는 큰 병원에 가서 두드러기 검사를 받아보라고 조언했다. 나는 망설였다. 아이가 예방접종을 맞다가 괴력 팔로 주사를 뽑아 다리에 상처가 났기 때문이었다. 안고 있다 아이를 떨어뜨려 두개골에 금이 갔을 때도 그랬다. 엑스레이는 금방이니 어떻게 했는데 CT촬영에 실패했다. 수면유도제를 먹고도 눕히기만 하면 아이가 울며 눈을 번쩍 떴기 때문이었다. 그동안의 이력을 봤을 때 아이의 피를 몇 통 뽑는다는 건 실패 확률이 너무 높았다. 조금 기다려야겠다는 생각이 들었다.

그러다 돌에 이빨이 나면서 아이의 두드러기는 싹 사라졌다. 어쩌면 이빨이 나는 시기는 이유식 시기와 맞물려야 하는 자연스러운 신체 반응이 아닌지 생각하게 되었다. 특히 예민한 기질의 아이라면 신체 반응 또한 남다르기 때문이다.

사실 나도 두드러기가 잦다. 조금만 힘들어도 올라온다. 스트레스에 몸이 강하게 반응한다. 일단 저혈압이기도 하고, 공복 혈당이 높다. 내가 몸 관리를 못 해서가 아닌 선천적으로 그렇다. 어디까지가 기질인지 어디까지가 신체적 증상인지 알기 어렵다. 사실 신체적인 예민함과 정신적인 예민함은 끈끈하게 얽혀 있는 경우가 많다. 하지만 좀 더 신체적인 예민함이 주라면, 성격적인 부분이 아닌 몸 때문이라면, 이명기 원장의 이야기를 한번 들어보자.

동혜한의원을 운영하는 한의사 이명기 원장은 『성격이 아니라 몸이 예민한 겁니다』를 통해 신체적인 예민함을 다음과 같이 설명한다.

"신체적인 예민함은 정신적인 예민함과 다르다. 신체적인 예민함을 겪는 사람들은 이유 없이 갑자기 몸이 아프다. 감각 기관의 반응이 과도하다. 스트레스로 몸이 과도하게 아파진다. 여행과 쇼핑이 힘들고 지친다. 어디 가려면 화장실이 급해진다. 사람들을 만나 대화하는 것이 피곤하다. 전자제품을 많이 사용하면 힘들다. 합성 조미료가 들어간 음식을 먹기가 부담스러워 외식이 힘들다. 큰 행사에서 긴장을 많이 하며 실력 발휘가 안 된다. 아무 옷을 입을 수가 없다. 교통수단을 타고 다닐 때도 피곤하다. 병원 치료에 민감하게 반응하며 효과도 부작용도 선명하게 나타난다. 아무 화장품이나 사용할 수 없다. 그들은 삶의 질이 훨씬 떨어지며, 공감을 전혀 받지 못한다. 부자가 되기도 어렵다."

그는 일레인 아론이 민감한 사람들을 지칭하는 HSP(Highly Sensitive Person)에, 신체적인(Physical)이라는 뜻을 더해 PHSP라는 신조어를 만들었다. 이명기 원장은 성격이 예민한 HSP와 달리 PHSP는 신체적인 민감함 때문에 성격이 예민해진다고 설명한다. 따라서 PHSP는 신체적 고통을 조절하는 치료를 받으면 증상이 완화된다. 그에 의하면 PHSP는 허약한 것과 다르다. 게으르지도 않다. 예민한 신체를 인지하는 것이 관건이다.

나는 PHSP 개념을 알고 꽹장히 많은 생각을 하게 되었다. 나도 앞서 이야기한 것처럼 신체적인 예민함이 있기 때문이었다. 신체적인 예민함을 중심으로 생각하면 또 다른 것들이 보일 터였다. 또한 요즘은 신체적인 예민함을 호소하는 사례가 더욱 늘었다.

세상이 변하며 예민한 아이가 많아진다

한동안 미세먼지로 참 힘들었다. 마스크를 그때부터 쓰기 시작했다. 미세

먼지가 한창이다 코로나가 발생했다. 코로나는 예전 어떤 질병과도 위험이 달랐다. 코로나는 수 많은 사람들의 삶을 앗아갔다. 사람들은 맘 편히 돌아다닐 수 없게 되었다. 마스크는 생활이 되었다. 사람들과 만나도 거리를 두게 되었다. 갑자기 세상이 급변하기 시작했다.

임산부들은 많은 스트레스를 받을 것이다. 이미 태어난 아이들도 힘들 수밖에 없다. 아이들은 매일 뛰어놀고, 햇빛을 받으며, 아이들과 어울려 놀아야 한다. 그래야 정상적으로 자란다. 그런데 그걸 제대로 하지 못하게 되었다. 지금 아이들은 정상적으로 자라고 있는 걸까? 불안 증세를 호소하는 아이들이 많아졌다. 집집마다 아동 학대가 많아진다. 평범했던 아이도 예민한 아이가 된다. 예민한 아이들의 시대다. 이처럼 환경적 사건 사고들은 후천적인 변화를 초래한다.

『육아 고민? 기질육아가 답이다』의 최은정 대표는 요즘 많아지는 임신 기간의 스트레스와 그에 관련한 후성 유전적 민감성에 대해 언급한다. 책에서는 임신 중의 태내 환경은 아이의 민감성과 연관이 크다고 한다. 엄마의 스트레스가 크고 정서가 불안정할수록 아이는 민감성을 계발시킨다는 것이다. 그래서 상담센터에서 초기 아동심리 평가를 할 때는 임신 전, 임신 중의 엄마의 스트레스에 대해서 묻는다. 아이의 민감성이 태내에서부터 비롯된 것인지 아니면 기질적인 것인지 확인하기 위해서다.

"다행스러운 것은 이런 후성 유전적 민감성은 다시 변할 수 있다는 것입니다. 그 변화의 원동력은 바로 '애착'입니다."

예민함은 이제는 기질을 넘어 시대적인 그리고 환경적인 이슈다. 선천적인 것과 후천적인 것에 대한 이야기가 아직 많지 않다. 정확한 답을 내리기는 아직 어려워 보인다. 앞으로 계속적인 연구가 추가될 것이다. 대신 확실한 것만 기억하고 넘어가자. 어떤 케이스든 아이와의 초기 애착이 큰 역할을 차지한다. 선천적인 기질에도 도움이 되고 후천적인 데미지를 받지 않게 긍정적인 영향을 끼친다. 기술의 발전은 인간의 진화를 훌쩍 앞서갔다. 사람들은 기술의 진화에 거꾸로 원시시대와 같은 불안을 느낀다. 따라서 옛날 방식으로 아이를 더욱 밀착해서 양육할 시대가 왔다. 그걸 바라는 아이들이 태어난다는 것이 그 증거다.

아이의 신체 반응을 살피자. 그리고 잊지 말자. 어른이 힘든 상황이라면 아이는 더 힘든 것이 맞다. 너무나 기특하게 잘 버텨주고 있는 아이들을 한 번 더 안아주자. 그리고 앞으로의 세상을 위해 작은 것 하나부터 노력하자. 재활용을 꾸준히 한다든지, 환경을 위해 하는 작은 노력 모두 좋을 것이다. 무엇보다 좋은 것은 원시적인 애착을 다시 살려내는 것이다. 어른과 아이 모두 격동의 시기를 버텨낼 큰 힘이 될 것이다.

3장
······

예민한 아이
최강의
육아 방법

가장 먼저 감정 코칭을 이용하라

커피숍에서 칭얼대는 아이를 보며 어떤 엄마가 말한다.

"우리 현진이~ 속상했어? 아 그래 속상했구나~."

가만 보니 감정 코칭이다. 예전 어떤 육아법이 유행했다면 요즘은 감정 코칭이 대세다. 감정 코칭 많이들 아는데, 아는 만큼 잘되고 있는 걸까? 예전 놀이 시터를 고용해 아이와 놀아주는 모습을 잠시 본 적 있다. 아이의 감정이 격해질 때 "이런 점이 불편했구나. 엄마가 보고 싶어서 울었구나."라고 말은 하는데 실은 공감이 전혀 들어 있지 않아 놀랐다. 감정 코칭은 기계식 말 반복과 수용이 아니다. 눈빛과 말투가 90퍼센트의 역할을 차지한다. 또한 수용만으로 끝나지 않고, 아이가 스스로 해낼 수 있도록 돕는 과정까지 포함되어 있다. 진짜 감정 코칭은 진심 어린 관심과 이해 그리고 섬세한 접근이다. 제대로 된 감정 코칭을 경험하는 아이들은 크게 성장한다.

감정 코칭은 감정 수용만을 뜻하지 않는다

감정 코칭은 사랑과 관계의 기술이다. 정말 사랑한다면 감정 코칭하라고, 『감정 코칭』의 저자 최성애 박사는 이야기한다. 감정 코칭형 부모는 자신이나 아이들이 겪는 감정을 쉽게 알아차린다. 공감을 잘하며 행동에는 분명한 한계를 정한다. 아이의 부정적인 감정을 나쁜 것으로 보지 않고 그저 감정의 한 부분으로 본다. 부정적인 감정을 발산할 때 참아주며, 감정에 대해 이야기하고, 아이 스스로 알 수 있도록 돕는다. 아이를 교육할 때도 최소한으로 단계적인 방식으로 개입한다. 그리고 스스로 하도록 디딤돌을 놓는다. 감정 코칭을 받은 아이들은 더 높은 읽기와 수학 능력을 보였으며 IQ도 더 높았다. 화가 났을 때도 스스로 컨트롤하는 능력이 뛰어났다. 이렇게 감정 코칭으로 얻은 효과는 평생을 간다. 감정 코칭은 평생 도움이 되는 감정의 GPS 를 지니고 사는 것과 같다고 박사는 조언한다.

감정 코칭은 총 5단계로 나뉜다. 1단계는 아이의 감정을 인식하는 것이다. 행동 속의 어떤 감정이 숨어 있는지 알아차려야 한다. 2단계는 그 감정적 순간을 긍정적인 기회로 삼는 것이다. 감정이 격할수록 아이와 닿을 좋은 기회가 될 수 있다. 3단계는 아이가 감정을 말할 수 있게 도와주는 것이다. 감정에 이름을 붙여주어 자기감정을 표현할 수 있도록 돕는다. 4단계는 아이의 감정을 공감하고 경청하는 것이다. 아이의 말을 미러링하되, 기계적이 아니라 진정성을 담아야 한다. 마지막 5단계는 아이 스스로 문제를 해결할 수 있도록 돕는 것이다. 먼저 공감하고 그 다음 한계를 정한다. 아이가 원하는 것을 확인하고 해결책을 찾아보며 검토한다. 스스로 하도록 돕는다.

여기서 주의할 것이 있다. 많은 사람이 오해하는 부분이다. 사람들이 아이의 감정을 미러링하고 이해하는 것까지는 그럭저럭한다. 그런데 마지막 5단계가 굉장히 중요하다. 아이의 감정에 그저 머무르지 않고 스스로 앞으로 나아가도록 돕는다. 감정에는 한계가 없지만 행동에는 한계를 설정하게 되는 것이다. 이 5단계가 예술이 된다. 피날레다. 그런데 보통 사람들이 이 5단계를 쏙 빼놓고 감정 처리에서 끝이 난다. 유명한 80대 20의 법칙이 여기서 적용된다. 80프로인 4단계까지는 아이의 감정을 이해하고 수용하는 단계다. 이를 통해 마지막 20프로이자 엑기스인 5단계가 수월해진다. 육아의 최종 목표는 아이의 완전한 독립이 아닌가. 모든 단계가 중요하지만 5단계를 빼놓고서는 감정 코칭을 이야기할 수 없다.

나는 감정 코칭이 뭔지도 몰랐다. 내가 감정 코칭을 받아본 적 없거니와, 내가 해본 적도 없기 때문이었다. 많은 사람이 그럴 것이다. 감정 코칭을 보통 아이 키우며 알게 된다.

'감정 코칭? 감정 코칭이 대체 뭐야? 뭔데 이렇게 중요하다고 하지?'

나는 아이 낳기 전 습관성 유산이 힘들어 상담을 받았다. 아픈 과거가 유산과 연관되어 있는 거라 생각했다. 상담을 받았고 그때 새로운 대화 방식을 배웠다. 그저 이야기를 들어주는 것이다. 어떤 판단 없이 듣다가 가볍게 질문을 한다. 나는 상담을 받지만 실제 이야기를 끌어가는 건 나다. 그렇게 하도록 상담사는 코칭한다. 내가 내 이야기를 풀어가며 내 스스로를 치유하는 것이다. 물론 조언을 주며 행동 변화를 끌어낼 때도 있지만.

종일 뒤집어지고 울고 짜증내는 아이를 처음엔 어떻게 다뤄야 할지 몰랐다. 처음엔 그저 안고 달래주기만 했다. 하지만 아이가 말을 알아듣기 시작하고 말문이 트이면서 뭔가 더 구체적인 방법이 필요했다. 그러다 아이의 감정을 다루는 방법에 대해 알게 되었다. 감정 코칭을 하란다. 먼저 감정을 수용한다. 아이가 자기감정을 말하도록 유도한다. 그리고 아이가 스스로 해나갈 수 있도록 돕는 것까지.

'음, 뭔가 내가 예전 상담 받았을 때랑 비슷한데? 어른들은 이런 감정 코칭

을 돈을 주고 전문가에게 받는구나.'

그걸 내가 아이에게 잘할 수만 있다면, 아이의 힘든 감정을 잘 다루고 기질을 긍정적으로 끌어내는 데 큰 원동력이 될 수 있을 듯했다.

아이가 힘들어하면 아이의 감정을 인정해주었다. 예를 들어 둘째가 손에 물이 묻어 괴로워 소리를 지르며 우는 상황이었다.

"아, 네가 손에 물이 묻어서 힘들었구나. 많이 힘들었어? 그래, 힘들었겠다. 어떻게 힘들었는지 말로 표현해볼까? 응, 그랬구나. 이제 우리 어떻게 하면 좋을까? 여기 바닥에 있는 수건으로 닦을까? 그래, 그럼 수건 여기 있어. 스스로 닦아봐. 그래, 그렇지. 스스로 닦으니까 괜찮아졌네? 정말 잘했어." 꼬옥~

이런 식이었다. 물론 처음엔 아이가 패닉에 빠져 전혀 달래지지 않았다. 소리만 지르는 것이다. 포기하지 않았다. 너무 흥분했으면 진정시키고, 조금 나아지면 눈을 맞추어 다시 물었다. 이걸 쭉 반복하자 어느 날 나에게 대답을 한 것이다. "힘들었어?" 물었는데 "응!" 하며 엉엉 우는 것이다. 울음이 격해졌다. '아, 되는구나.'라는 생각이 들었다. 그 후부턴 꾸준히 말을 걸며 아이를 코칭했다. 꾸준히 하니 아이는 괴로워 얼굴을 찌푸려도 스스로 바닥에 있는 수건을 집어 손을 닦게 되었다. 이제는 괴로워하는 감정도 많이 줄어들었다.

감정 코칭 할 줄 아는 엄마는 뭘 해도 잘한다

이렇게 아이를 감정 코칭할 줄 알게 되니 나 자신의 삶도 많이 달라졌다. 무엇보다 좋았던 것은 나의 감정을 다룰 줄 알게 되었다는 것이다. 아이에게 했던 만큼 나에게도 하게 되었다. 울 때는 엉엉 울 줄도 알고, 깔깔 웃을 줄도 알게 되었다. 감정은 드러내지만 내 행동에는 책임을 졌다.

감정 코칭을 할 줄 아는 엄마는 뭘 해도 잘하게 된다. 열심히 아이 키우고 영업의 신이 되는 엄마들이 있다. 아이와 얼마나 지지고 볶으며 진정으로 배웠으면 그리 되었을까 내심 생각 든다. 일에도 로케트가 달린다. 이러한 감정 코칭은 신의진 박사가 이야기하는 80:20 대화법과도 유사하다.

감정 코칭이라는 개념이 어렵다면 한번 대화 방법이라는 관점에서 들여다보자. 감정 코칭이 마치 새로운 개념처럼 느껴지겠지만, 이미 예전부터 존재하던 육아 노하우다. 신의진의 『현명한 부모가 알아야 할 대화법』에서 보다 쉽게 설명한 파트를 소개한다.

"아이와 대화할 때는 이해하는 대화와 가치를 전하는 대화 사이의 균형을 잘 맞추는 것이 중요하다. 나는 부모들에게 아이와 대화할 때 이해하는 대화를 더 많이 해주라고 한다. 이해하는 대화가 없다면 아무리 좋은 가치도 아이가 거부해 버릴 수 있기 때문이다. 적어도 열 마디의 말 중 여덟 마디는 아이의 기분을 살피고, 이해하고, 공감하는 말이어야 한다. 그리고 나머지 두 마디로 꼭 전하고 싶은 가치를 이야기하면 아이는 거부감 없이 그것을 자연스럽게 받아들인다. 무엇을 가르치고 싶다면 먼저 아이를 이해하라. 만약 아이가 좀처럼 당신의 말을 듣지 않는다고 생각되면 10번 중에 8번은 꾹 참고 이해하는 대화만을 해주어라. 즉 이해하는 대화와 가치를 전하는 대화의 80대 20 법칙을 기억하라. 그럼 아이는 당신의 가르침을 순순히 받아들일 것이고, 어느 순간 스스로 변화하는 모습을 보여줄 것이다."

대부분은 아이를 이해하고, 가끔 툭툭 부모의 가치관을 전달한다고 생각하니 좀 더 쉬워진다. 내가 쓰는 언어를 살펴보자. 나는 아이를 매순간 이해하는가? 거기에 가끔 아이에게 조언을 전달하고 있는가?

그리고 그건 아이뿐만 아니라 남편과 나에게도 해당된다. 감정 코칭은 모두에게 통용되는 인간 관계의 유용한 법칙이다. 관계가 힘들다면 아이에게 하는 것 같은 코칭을 해당 사람에게도 하자. 물론 멀리 떨어져 있어야 하는, 맞지 않는 사람도 있다. 하지만 가까이 해야 할 가족이라면 더욱 필요하다.

사람들은 감정을 수용만 하고 앞으로 나아가려 하지 않는다. 사실 감정 수용까지 가기도 어렵다. 80퍼센트의 이해를 하되 20퍼센트의 조언을 하자. 서로를 보듬고 앞으로 나아간다.

감정 코칭은 아이를 사랑하는 가장 좋은 방법 중 하나다. 감정 코칭으로 많은 관계가 변한다. 예민한 아이 육아에 감정 코칭이 더욱 중요한 이유는 기질을 수용하는 좋은 방법이기 때문이다. 예민한 아이 육아에도 중요하지만, 부모 삶의 질도 올라간다. 누구보다 나 자신이 변한다. 내가 상담가가 되고 들어주는 사람이자 조언하는 사람이 된다. 아이 감정을 수용하고 이해하되 마지막에는 아이 스스로 해내도록 돕자. 부모가 원하는 가치를 전달하며 살짝 돕는 단계를 잊지 말자. 아이는 스스로 감정을 보살피며 행동에 물을 주는 사람으로 자랄 것이다.

평생 건강을
결정하는
건강한 수유

한국보건사회연구원의 2015년 조사에 의하면 한국 엄마들이 생후 1시간 이내에 초유를 수유하는 비율은 단 18.1퍼센트다. 생후 1주 동안 완모하는 비율은 23.9퍼센트. 반면 생후 2주부터 완모하는 산모의 비율은 50퍼센트에 달한다. 산부인과와 조리원을 나오면 오히려 완모의 비율이 높아진다. 엄마 들은 혹시 거대한 육아산업에 희생양이 되고 있는 것은 아닐까? 이는 『누가 우리 아이들에게서 엄마 찌찌를 빼앗았나』라는 제목의 엄마 정치인 장하나 의 글에서 가져온 정보다.

세계보건기구와 유니세프는 '아기에게 친근한 병원'을 지정해 출생 직후 30 분 이내 첫 수유를 실시하게 한다. 퇴원하기 전 인공 젖꼭지를 사용하지 않도록 한다. 또한 24시간 모자동실을 시행한다. 성공적인 모유 수유 10단계를 실천하도록 돕는다. 무엇보다 조제분유 업체로부터 샘플을 받지 않도록 한다. 전 세계 2만 여 개의 인증기관이 있으나 한국은 단 16곳뿐이다. 한국 엄마들은 아무런 도움 없이 어렵고 고통스러운 모유 수유를 경험한다.

예민한 아이에게 수유하는 방법

나는 분유를 먹고 자랐다. 내 동생도 마찬가지다. 모유라는 게 뭔지 전혀 몰랐다. 경험도 없거니와 하는 사람을 본 적도 없었다. 처음엔 6개월 완모가 목표였다. 모유 수유를 책으로 배웠다. 얼마나 열심히 머릿속으로 시뮬레이션했는지 모른다. 책에서 출산 전 마사지를 해야 젖이 빨리 돈다고 했다. 나는 이런 모유 수유 준비사항을 성실히 따랐다.

처음 나는 젖이 나오지 않았다. 모유 수유 클래스에서는 한 달간 고무 젖꼭지를 물리지 않아야 유두 혼동이 오지 않는다고 했다. 나는 그래서 분유도 공갈도 주지 않고 주구장창 젖을 물렸다. 하지만 아이의 소변이 줄어들고 황달 증세가 심해졌다. 유축기로 아무리 해도 양이 나오지 않아 밤에 몰래 엉엉 울었던 기억이 난다. 아이에게 미안하고, 또한 잘하고 싶은데 잘 안 되니 속상했다.

우여곡절의 보름이 지나자 모유가 나오기 시작했다. 한 달쯤 되자 편안해졌다. 첫째에게 세 돌 모유를 먹였다. 첫째는 스스로 모유를 끊었다. 둘째는 또 달랐다. 유선이 많이 발달했는지 너무 콸콸 나오는 것이 문제였다. 둘째는 사레가 들려 힘들어했다. 나는 첫째 때 상상도 못했던 양배추를 붙이는 방법을 썼다. 젖을 조금 말려야 하는 상황이었다. 이런저런 노력 끝에 한 달이 지났고 결국 또 아이와 패턴이 맞게 되었다.

둘째도 2년 넘게 모유 수유를 하고 있다. 세 돌까지 수유를 할 듯하다. 아이는 아마 스스로 끊을 것이다. 내가 그렇게 유도할 것이기 때문이다. 방법은 간단하다. 아이의 수유 텀이 자연스레 줄어들면 이제 그만 먹이고 싶다는 엄마의 의사를 밝히면 된다. 정서 독립이 준비된 아이는 이를 어렵지 않게 받아들인다. 그렇게 둘은 정서적인 의존 관계에서 분리된다.

모유 수유가 힘든 이유는 앉아서 수유하기 때문이다. 허리 목 손목이 금세 뻐근해진다. 아이가 많이 보채고 힘들어 나는 언젠가부터 누워서 수유를 하기 시작했다. 아기가 한 시간 빨고 한 시간 쉬니 그 시간만이라도 쉬어야 했기 때문이다. 그런데 그것이 너무 편하고 좋았다. 나는 지금도 누워서 수유를 한다. 가끔 졸기도 한다. 아이를 꼭 껴안고 부비며 뽀뽀 세례를 퍼붓는다. 아이의 발가락이 내 배에 꼼지락 거리는 느낌이 너무 좋다. 수유는 엄마가 가장 편안한 자세로 시행해야 한다. 현 세대는 엄마가 로봇처럼 똑바로 앉아서 정확한 시간에 수유할 것을 권한다. 그러나 엄마는 기계가 아니다.

나의 의견을 받쳐줄 윌리엄 시어즈 박사의 까다로운 아기 수유법을 소개한다. 윌리엄 시어즈 박사는 『까다로운 내 아이 육아 백과』에서 까다로운 아이와의 수유에 대해 조언한다. 모유를 먹는 아기는 분유를 먹는 아기보다 덜 까다롭다. 모유를 먹이는 엄마는 아기를 잘 달랜다. 좀 더 많은 신체 접촉을 해서 아기가 수시로 위안을 받기 때문이며, 모유를 먹는 아기는 건강하고, 모유에서 분비되는 모성 호르몬으로 엄마의 감수성이 커지기 때문이다. 또한 잠을 유도하는 성분이 있어 아기와 엄마 둘 다 편안해진다.

이처럼 예민한 아이들에게 좋은 작용을 하지만, 어려움도 있다. 아기가 쉽게 긴장해 젖 먹이는 자세를 잡기 힘들다. 아기가 젖 먹는 데 집중하지 못한다. 지나칠 정도로 빨리 먹기도 한다. 밤새 먹으려 한다. 끝도 없이 먹으려고 한다. 시어즈 박사는 누워서 젖을 먹이라고 조언한다. 아기가 젖을 먹는 동안 조금이라도 쉬는 것이다. 자극에 시선이 뺏기지 않도록 평온하고 조용하고 어두운 곳에서 젖을 먹인다.

또한 일찍 젖을 떼지 않는다. 오랫 동안 젖을 먹는 건 아기와 엄마에게 다 도움이 된다. 특히 아기를 달래는 가장 효과적인 방법이다. 주위 사람들의 비판이 끊이지 않을 것이다. 하지만 개의치 말라. 까다로운 기질의 넷째 딸 헤이든은 거의 네 살에 젖을 떼었으나 또래보다 매우 독립적으로 자랐다. 수유를 하면 예민한 아기 달래기가 정말 쉽다. 젖으로 많은 어려움이 종결된다. 가끔은 젖도 거부하고 우는 아기가 있다. 그게 우리 둘째다. 젖 종결자였던 첫째와 달라 어려웠다.

이러한 나의 수유 이야기를 하면 치아 관리는 어떻게 했냐는 질문을 가장 많이 받는다. 우리 아이들은 둘 다 건치다. 둘 다 삼 년 내내 수유를 했는데도 아직까지 충치 하나 없다. 오히려 수유에는 충치를 막는 성분이 있다고 미국의 모유 수유 전문가 켈리 보니야타는 『Is Breastfeeding Linked to Tooth Decay?』에서 이야기한다. 요즘 아기들이 충치가 많은 이유는 단 음식을 많이 먹기 때문이지 수유 때문이 아니다. 또한 비타민 D 부족이 아이의 충치를 유발한다. 햇빛을 많이 받지 못하는 요즘의 생활 습관과 연관 있다. 비타민 D가 부족한 엄마는 치아가 약한 아이를 낳는다는 연구 결과다.

모유 수유 하면 쉽지만 없이도 가능하다

엄마 M은 모유 수유를 열심히 준비했다. 아이에게 좋은 엄마가 되고 싶었다. 모유를 먹은 아이의 IQ가 그렇지 않은 아이보다 조금 더 높다는 기사를 읽었다. 아이의 건강에 좋다는 책도 참고했다. 출산 전 모유 수유 물품을 단단히 준비했다. 당연히 모유 수유가 잘될 줄 알았다.

그런데 막상 아이가 태어나고 보니 내 맘대로 되지 않았다. 아무리 시도해도 모유 수유가 어려웠다. 젖을 물리기만 하면 아이는 대성통곡을 했다. 모유가 잘 나오는 편이어서 차라리 젖병에 담아 주었다. 그때문인지 아예 나중에는 젖을 물리려고 시도만 해도 고개를 저었다. 시어머니는 이런 모습을 보며 제대로 좀 해보라고 면박 같은 조언을 주었다. 모유를 먹여야 좋다는 말을 여러 번 했다. 안 그래도 속상했던 엄마는 큰 상처를 받았다. 나중에 안 거지만 아이의 설소대가 짧은 편이라는 소견을 들었다. 엄마는 한 달간 모유를 젖병으로 주었다. 즐거운 경험이 될 수 있었는데 엄마에게는 상처만 남았다. 시어머니가 둘째는 모유를 꼭 먹이라고 이야기했다. 둘째 때는 그냥 분유를 먹이겠다고 손사래 쳤다.

나는 모유 수유를 오래 했기 때문에 오히려 더 모유 수유에 관해 이야기하기 조심스러웠다. 하지만 이제 자신 있게 얘기하련다. 내가 뭘 잘못한 것도 아니고, 잘난 것도 아니다. 모유 수유를 하지 못해도 아이는 잘 자란다. 모유 수유가 힘들다는 사람들도 많다. 하지만 적응 기간을 넘기고 노하우만 알면 모유 수유는 상당히 편하다. 모유 수유에 익숙해지면 예민한 아이 키우기가 쉬워진다. 하지만 수유를 하지 않는 엄마들도 아이를 잘 키울 수 있다. 오히려 그만큼 더 많은 노력을 기울이며 나름의 노하우를 가진다. 하는 사람도 안 하는 사람도 서로를 존중하는 문화가 되었으면 좋겠다.

예민한 아이 육아법

사실 우리나라는 모유 수유를 잘해내기 좋은 환경이 아니다. 실제로 많은 엄마들이 실패하거나 일찍 젖을 끊는다. 만약 가능하다면 오래 수유하라. 아이도 엄마도 쉽게 행복해진다. 모유 수유를 하지 않는 엄마와 아이도 행복해진다. 여기서 모유 수유의 효과는 '쉽게'라는 것이다. 모유 수유는 예민한 아이 육아에 정말 효과가 좋다. 제2의 도우미다. 육아가 수월해진다.

오래 젖 먹이기 험난한 것을 안다. 내가 그런 길을 거쳐 묵묵히 걸어왔으니까. 용기를 내었으면 좋겠다. 부끄러운 일도 아니고 미안한 것도 아니다. 누구나 아이에게 할 수 있는 게 있고 그중 하나인 것이다. 모든 엄마들을 응원한다.

아이가 밥을 너무 안 먹어요.

아이를 키우며 가장 힘든 것 중 하나가 밥을 잘 먹지 않는 거예요. 제가 순위를 매겨 보았을 때 첫 번째가 잠 못 자는 거, 두 번째가 엄마 껌딱지, 세 번째가 밥을 잘 먹지 않는 거예요. 밥을 잘 먹지 않으면 엄마의 불안과 죄책감이 높아지죠. 많은 엄마들이 아이를 잘 먹이며 양육 효능감을 느낍니다. 일부러 그런 것이 아니라 그냥 뇌 구조가 그래요. 그랬기에 원시시대 인류가 살아남았고요. 그런데 예민한 아이는 입이 짧고 또한 편식이 심하기도 합니다. 몇 가지만 먹어 엄마 애간장을 태우고, 때로는 앉아서 한 입 먹이는 것조차 어려워요.

자, 일정 부분 내려놓읍시다. 일단 아이의 눈높이에서 시작하는 거예요. 잠시도 앉아 있지 못할 정도로 주의력이 낮다면 아이에게 맞는 착석 방식을 찾아보아요. 그리고 몇 가지만 먹으면 일단 몇 가지 안에서라도 조금씩 바꿔서 먹이는 거예요. 그러면서 조금씩 나아지도록 유도하면 됩니다. 요리 놀이로, 또래나 식구와 같이 먹기로 아이는 차츰 나아집니다.

예민한 아이를
잠들게 하는 비법

잠만큼 예민한 아이 부모를 힘들게 하는 건 없을 것이다. 잠이 가장 어렵다. 사실 모든 아기에게 잠은 어려운 문제다. 수면 관련 책이 쏟아지고 또한 항상 인기를 누리는 이유다. 하지만 보통 아기들은 몇 개월 후 혹은 늦어도 첫돌 되기 전부터 통잠을 자기 시작한다. 누워서 뒹굴뒹굴 놀다 잠들기도 한다. 하지만 예민한 아기들은 그렇지 않다. 잠을 재우는 것도 어렵거니와, 일단 재워도 오랜 시간 유지하기 어렵다. 평범한 사람도 잠을 못 자면 괴물이 된다. 쉽게 화를 내게 된다. 심해지면 생존의 위험을 느끼기도 한다. 오죽하면 잠 안 재우는 고문도 있었을까. 이걸 1년, 2년도 죽을 맛인데 몇 년을 고생하는 부모가 있다. 바로 예민한 아이의 부모들이다. 나도 역시 아이 잠 문제로 많은 고생을 했다.

예민한 아이를 꿀잠 재우려면 불안을 잡아라

첫째 아이는 잠들면 한 시간마다 깼다. 엄마가 옆에 있으면 좀 더 자는데, 없으면 쪽잠을 잤다. 잠들기까지의 과정도 험난했다. 두세 시간 걸려 겨우 재웠는데 좀 있다 깨면 쉬는 게 쉬는 것이 아니다. 계속 깨는 아이 옆에 두고도 어떻게든 잠을 자는 게 예민한 아이를 키우는 부모의 큰 미션 중 하나다.

암막 커튼 사이로 가로등 빛이 조금만 들어와도 빛이 무섭다며 울고 잠을 자지 못했다. 달래다 안 되어 커튼 틈새를 테이프로 막았다. 아이는 겨우 잠이 들었다. 낮에는 테이프를 떼고 밤에는 붙이는 작업이 계속되었다.

어쩌다 코감기가 걸리는 날은 같이 죽는 날이었다. 아이는 십 분마다 소리를 지르며 깼다. 약을 먹여 겨우 재우면 새벽 5시쯤 일찍 일어났다. 약 과잉 반응인지 손을 떨고 말을 쉬지 못했다. 아이가 정신만큼 몸도 예민한 것이 아닌가 하는 생각이 들었다.

둘째는 그나마 첫째보다는 덜 자주 깼다. 2~3시간마다 깼으니 말이다. 하지만 한 번 깨면 쉽게 잠들지 못했다. 예를 들어 첫째는 젖을 물리면 그래도 오래되지 않아 잠이 들었다. 하지만 둘째는 젖을 물고 자려 하지 않았다. 무조건 안아주어야 했다. 그리고 잠에서 깨어 비몽사몽일 때 집 안 갑갑한 공기를 싫어했다. 안고 밖으로 나가야 했다. 그러지 않으면 두 시간이고 세 시간이고 울어댔다. 창문을 열어도 소용 없었다. 밖으로 나가 신선한 공기를 쐬고 걸으면 아이는 조금 더 빠르게 진정되었다. 첫째도 등 센서가 심했는데 둘째의 등 센서는 더 어마어마했다.

우리 아이들은 지금 꿀잠을 잔다. 첫째와 둘째 둘 다 5분 안에 잠이 든다. 그리고 밤새도록 통잠을 잔다. 첫째는 얼마 전 잠자리 독립을 선언했다. 혼자 자겠다는 것이다. 나는 준비가 되어 있지 않아 굉장히 놀랐다. 아이 방에 침대를 놓았다. 첫째는 자기 방에서 자기도 하고 안방에서 같이 자기도 한다. 둘째가 좀 더 자라면 둘이 같이 잘 것이라 생각 든다.

아이 꿀잠 재우는 비법으로 사람들은 많은 노하우를 공개한다. 수면 습관을 만들라든가 자기 몇 시간 전 목욕을 시키고 마사지하라든가 중간에 잠에서 깨면 입술을 눌러주라는 등 다 맞는 얘기다. 그런데 예민한 아이의 잠을 잘 재우기 위해 더욱 중요한 것이 있다. 바로 아이의 불안을 잡는 것이다.

불안한 아이는 잠을 잘 자지 못한다. 예민한 아이는 뇌가 세상에 적응하는 데 시간이 좀 더 걸린다. 평균 두 돌 정도로 보면 된다. 하지만 두 돌 이상 걸리는 아이는 불안 문제가 있을 가능성이 높다. 불안은 감각적 과민함과 연관되어 있다.

대한민국 육아 권위자 오은영 박사는 『못 참는 아이, 욱하는 부모』에서 못 자는 아이의 이러한 감각을 안정시키는 방법을 알려준다. 두 돌까지는 부모가 함께 자면서 아이의 정서 안정에 힘쓰는 것이 좋다. 하지만 두 돌을 넘어서도 잘 자지 못한다면 전정 감각(평형 감각)을 발달시켜 주어야 한다.

쉽게 잠이 들지 않는 아이는 부모가 옆에 가만히 누워 있어 20분 정도 이야기를 나눈다. 그러다 대답을 하지 않고 잠든 척을 하라. 아이는 몇 번 확인하다 잠이 든다. 불이 꺼지면 무서워하는 아이들 역시 부모가 옆에 있어 줘라. 같이 자면 잘 자는 아이들은 당분간 같이 자는 것이 좋다. 독립심은 다른 것으로 얼마든지 키울 수 있으므로 독립심을 발달시키고자 따로 재울 필요는 없다. 오은영 박사는 말한다.

"몇 살 되면 반드시 혼자 재워야 한다는 법은 없다."

"신생아 시기에 잘 못 자는 아이는 안고 재우다가 잠들면 이불에 눕히는 것이 맞다. 다만, 손에서만 재우면 그것에 길들여져 눕히면 잠에서 쉽게 깰 수 있다. 두 살이 지난 아이는 부모가 함께 자면서 안정감을 갖게 하는 것이 좋다. 그런데 어느 정도 커서도 그런다면 전정 감각, 고유 감각을 발달시켜주는 방법을 적용해 줘야 한다. 전정 감각, 고유 감각을 키워 주면 예민하게 느껴지는 각성 수준을 둔하게 느끼게 해주고, 다양한 감각 간의 균형을 맞춰준다."

조금만 몸이 불편해도 못 자는 아이, 안아주어야 자는 아이, 한 번 깨면 다시 잘 못 자는 아이 역시 마찬가지다. 전정 감각을 발달시키는 놀이를 해야 한다. 좌우로 흔들림을 느낄 수 있는 장난감이나 탈 것을 이용하면 예민한 감각에 도움이 된다. 집에서는 담요에 태워 흔들어주거나 김밥처럼 이불로 온몸을 꼭꼭 눌러 말아주는 놀이가 좋다. 오은영 박사는 특히 전정 감각을 강조한다. 전정 감각은 모든 감각 안정의 디딤돌이다.

감각 통합 이론에 의하면 정서적으로 안정되려면 촉각과 전정 감각 그리고 고유수용성 감각(근육 감각)의 안정이 중요하다. 아이를 안아주면 촉각이 활성화되고 전정기관이 자극된다. 아이가 자주 안아달라고 부모에게 요구하는 것은 잘 자려는 본능이자 의지다. 또한 아이가 근육 발달이 되고 있는지 살펴야 한다. 대근육이나 소근육이 특히 느리다면 아이 불안의 원인이 되어 잠 문제를 유발할 가능성이 높다. 아이가 활발히 움직이고 탐색하도록 하자. 집에서 소근육 자극이 되는 놀이를 많이 하자. 매일 놀이터에 출근해 아이의 대근육 발달을 돕자. 예민한 아이라면 외출 거부가 심할 것이다. 외출이 습관이 되도록 유도하면 좋다.

수면 교육 필요 없다

수면 교육 꼭 필요한가? 우리는 새로운 질문을 던질 필요가 있다. 물론 아이의 잠 습관을 만들고 점진적으로 잘 자는 방법을 알려주는 것은 맞다. 하지만 울다가 포기하고 스스로 자게끔 만드는 방식은 예민한 아이와 맞지 않는다.

이전 챕터에서 이야기한 것처럼 오은영 박사는 채널A 〈요즘 육아 금쪽같은 내 새끼〉에서 완벽한 프랑스 엄마를 만나 감탄했다. 따뜻하고 단호한 훈육, 체계적인 수면 습관, 아이와의 밀도 높은 놀이까지 뭐 하나 흠잡을 데가 없었다. 하지만 엄마가 남다른 기질의 아이에게 단호한 수면 교육을 하는 것은 찬성하지 않았다. 아이가 잠들 때까지 옆에 있어줄 것, 그리고 중간에 깨는 아이가 엄마의 목소리를 들으며 안심하도록 할 것을 권했다.

예민한 아이에게 가장 중요한 것은 정서적인 안정이다. 수면 교육을 하는 엄마들의 마음속에는 내심 아이가 통잠을 자야 발달에 더 좋을 것이라는 생각이 있을 것이다. 잠 못 자 힘든 마음도 한몫하지만 엄마란 사실 이처럼 아이를 위하는 존재다.

미국 하버드 대학교를 졸업하고 양육 전문가로 활동하고 있는 크리스틴 그로스노는 저서 『세상의 엄마들이 가르쳐준 것들』에서 아기를 울려 따로 재우지 않고 함께 자기(곁잠)를 선택한 미국 엄마들이 많아지고 있다고 한다. 그러나 일본과 미국 아이들의 수면을 비교한 연구 결과, 미국 부모들은 아이들을 떨어뜨려놓고 자는데, 이런 것들이 자신을 보살펴주는 사람과 붙어 있고 싶어 하는 아이들의 욕구를 꺾기 때문에 취침 시간에 저항하고 밤에 깨어 있도록 만든다고 한다.

그녀는 리사의 이야기를 전한다. 리사는 첫 아이를 임신하고 완벽한 부모가 되고자 했다. 분만 수업을 듣고 임산부 요가 강사 자격증까지 땄다. 리사는 자신만만했다. 하지만 이사벨이 태어나자 리사는 쩔쩔매기 시작했다. 이사벨은 깊이 자지 못했으며, 만약 자도 겨우 20분 정도였다. 리사는 안 해본 것이 없었다. 하지만 소용없었다.

어느 날 함께 낮잠을 잔 적이 있었는데 처음으로 이사벨이 깊고 오래 잠들었다. 하지만 같이 자면 아기가 질식사할까 봐 겁났다. 수면 부족에 시달리던 리사는 일에 실수가 잦아졌다. 관계가 틀어지고 결혼 생활까지 흔들렸다.

이사벨이 8개월 된 어느 날 너무 지친 리사는 아이를 침대에 눕히고 방에서 나가버렸다. 아이의 울음소리를 들으며 심장이 터질 것 같았다. 하지만 효과가 있었다. 사흘째가 되자 이사벨은 한 번밖에 깨지 않았다.

하지만 초등학교 3학년이 된 이사벨은 아직도 분리 불안 증세를 보인다. 여전히 엄마와 같이 자고 싶어 한다. 차를 탈 때도 엄마와 앉길 바란다. 예전 리사는 이사벨이 그녀와 같이 잘 때 가장 잘 잔다는 것을 알았다. 하지만 곁잠이 인간의 가장 오래된 수면 방식이며, 안전하게 행해질 수 있다는 것은 몰랐다.

미국 볼케(Wolke) 박사의 연구에서 지속적으로 우는 아기는 주의력 결핍 장애 확률이 높았다. 여기서 '지속적으로 우는 아기'란 하루 3시간, 일주일 3번, 3주 이상 우는 아기를 뜻한다. 굳이 안 그래도 힘든 예민한 아기를 위험에 빠뜨릴 필요 있을까?

많은 예민한 아기 엄마들이 수면 교육에 실패해 고통을 호소하곤 한다. 어떻게 겨우 수면 교육에 성공해도 성장기가 오면 매번 또다시 아기가 거부하고 운다. 겉으로는 단호하지만 속으로는 내가 과연 잘 한 건지 의문에 빠지기 쉽다.

주변 엄마들의 조언을 듣지 말라는 이야기가 여기서도 반복된다. 수면 교육에 성공한 사례에 휘둘리지 마라. 그 아이는 당신의 아이와 다르다. 당신의 아이는 당신이 가장 잘 안다. 예민한 아이를 키우는 엄마들의 조언을 들어라. 그리고 예민한 아이를 키워본 전문가의 이야기를 들어라. 예민한 아이 전문가라도 예민한 아이를 키워본 사람과 아닌 사람은 방법이 천지 차이다.

예민한 아이도 결국 잘 잔다. 가장 중요한 것은 시간이다. 시간이 지나면 예민한 아이도 다른 아이들처럼 잘 자게 된다. 보통 두 돌 정도 걸린다. 이건 예민하기만 한 경우다. 불안의 어려움이 섞여 있다면 두 돌보다 좀 더 걸린다. 감각 안정에 힘쓰면 빠르면 네 살, 늦어도 일곱 살까지 안정된다.

감각이 안정되려면 아이가 원할 때 자주 안아주며 또한 다양한 감각을 자극하는 놀이로 유도해야 한다. 꾸준히 노력하면 어느 날 스르륵 잠들어 엄마를 놀라게 할 것이다. 꼭 필요하지 않다면 수면 교육은 하지 마라. 아이에게도 엄마에게도 많은 상처를 남긴다. 잠에 관해 할 이야기가 굉장히 많은데 여기에 다 설명하지 못하는 것이 아쉽다. 더 좋은 기회에 다시 이야기해보겠다.

아이 잠 문제로 너무 힘들어요.

아이 잠 문제라면 정말 드릴 말씀이 많아요. 그만큼 저도 많은 고생을 했고요. 간단히만 말씀드리자면 예민한 아이에게 잠 문제는 왕도가 없어요. 정석대로 가세요. 보통 두 돌이면 예민한 아이도 잘 자는 경우가 대부분이에요. 그런데 조금 더 오래간다면 아이의 불안을 점검하세요.

불안 문제에는 필히 감각 적응의 어려움이 들어가 있어요. 아이의 감각 적응을 위해 힘쓰세요. 전정(평형)감각, 촉각, 고유수용성(근육) 감각입니다. 아이를 많이 안아주고 많이 놀게 해주세요. 야외 활동 많이 하고 꾸준히 산책하세요. 외출 거부가 심해도 밥 먹는다 생각하고 꾸준히 습관처럼 하세요. 몸놀이를 지지하세요. 그러면 빠르면 세 돌, 늦어도 일곱 살 전에 나아집니다.

내 예민한 아이에 대한 전문가가 된다

많은 전문가가 내 아이에 대한 전문가가 되라고 한다. 그런데 반문하고 싶다. 당신은 당신 자신에 대해 잘 아는가? 나를 알지 못하면 아이를 알기도 어렵다. 왜냐하면 개인을 속속들이 알았던 경험이 없어서 그렇다. 나를 이해하고 수용해보아야 내 아이에게도 그리할 수 있는 것이다. 그리고 한 가지 더 묻고 싶다. 엄마가 아이를 다 안다고 할 수 있을까? 아기 때는 그럴 수도 있을 것이다. 하지만 점점 자라며 나와는 다른 인격체가 된다. 그럼에도 불구하고 예민한 아이 부모는 아이를 잘 알려고 노력해야 한다. 내 아이를 다 아는 것이 어렵다면, 최소한 이 세상 단 하나뿐인 아이를 가장 잘 이해하는 부모가 되어야 한다.

일단 방법은 하나다. 먼저 나를 알기 시작하자. 내 의견을 묻고, 내가 원하는 것을 궁금해하며, 내 생각을 기록하자. 그리고 그와 동시에 내 아이에게도 같이 비슷하게 접근하는 것이다.

내 아이의 전문가가 되려면 용기가 필요하다

아이를 밀착해서 돌보다 보니 다른 것들이 보였다. 엄마로서 나만이 알 수 있는 것들이었다. 나는 육아서를 1,000권 읽었다. 아이를 출산하기 전에도 많은 책을 접했다. 예민한 아이라는 걸 알고 예민한 아이에 관한 책도 많이 읽었다. 그런데 누구도 알 수 없는 내 아이에게만 적용되는 것들이 보였다. 또한 나에게 좀 더 쉽게 되는 것이 뭔지 알게 되었다. 어떤 육아서에서도 찾을 수 없는 것들이었다.

물론 비슷한 책들은 있었다. 또한 모두에게 통용되는 책들도 있었다. 그걸 가이드라인으로 삼되, 내 새로운 이야기를 써나갔다. 그렇게 매일 육아일기를 써서 기록으로 남겼다. 그렇게 나만의 육아가 시작되자 진짜 주도권이 생겼다. 전문가도 자주 만났다. 검사와 상담도 받았다. 참고는 하되 전적으로 맹신하진 않았다. 내 아이를 가장 잘 아는 사람은 나이고, 또한 어떤 일이 생겼을 때 책임을 질 사람도 나이기 때문이었다.

나는 젊었을 때 의료 사고로 죽을 뻔한 적이 있다. 어떤 의사나 전문가도 가장 중요한 것은 책임지지 않는다. 문제가 생겼을 때 가장 최종 책임은 나 스스로가 지는 것이다. 부모는 총책임자로서 주도권을 가져야 한다. 그러기 위해서는 많이 배우고 공부해야 한다. 아이와 나를 잘 알아야 한다. 주변의 사례를 많이 참고해야 한다. 가능하다. 부모니까.

내가 내 아이의 전문가가 된다는 것은 용기가 필요한 일이다. 내가 주도권을 쥔다는 이야기다. 이는 때로는 옆집 엄마에게 아니라고 말할 줄 알아야 하며, 때로는 전문가의 의견에 갸웃거릴 줄 알아야 한다는 것이다. 그 결과 자연스럽게 옆집 엄마와 거리를 두게 되고 전문가도 한 명이 아닌 여러 명을 만나 맞는 조언을 취합하게 된다.

내가 주도권을 쥔다는 것은 또한 엄청난 책임이 요구되는 일이다. 잘되면 내 탓, 잘못된 것도 내 탓이 되기 때문이다. 리더의 자리란 그렇다. 잘되면 다행이지만 잘못되는 일을 막기 위해 노력을 기울여야 한다. 아이의 발달에 따라 끊임없이 배우며 바뀐 부모 역할을 받아들이는 것이 좋다.

노력하라는 말을 하기가 미안하다. 가장 쉬운 방법이 있다. 이런 과정을 겪은 사람을 참고하는 것이다. 그러면 그 사람이 몇 년을 걸려 터득한 노하우를 몇 시간 만에 쉽게 배우게 된다. 이 책도 그런 값진 노력의 엑기스 중 하나다.

아이의 전문가가 된다는 것은 리더가 된다는 것이다

엄마 E는 예민한 아이가 너무나 힘들다. 아이는 매일 어린이집에 갈 때마다 울며 들어간다. 하원하면 하루 종일 엄마에게 짜증을 낸다. 엄마는 아이에게 잘 대해주고 싶지만 아이가 화답하지 않을 땐 '욱' 하고 올라오는 것을 참지 못한다. 자기도 모르게 화를 내게 된다. 아이와 있는 시간이 두렵기까지 하다.

아이를 어떻게 키워야 할지 몰라 옆집 엄마와 이야기하면 돌아오는 대답은 같다. "너무 아이에게 쩔쩔맬 필요 없다.", "혼낼 때는 혼내라.", "시간 지나면 다 괜찮다."라는 말이다. 얘기하면 잠시 후련하다. 하지만 집에 돌아오면 모든 상황은 똑같다. 아이가 뭘 원하는지 뭘 어떻게 해야 할지 모른다. 내가 육아를 너무 못해서 그런가 생각 든다. 아이가 너무 어렵다.

이런 엄마에게는 이런 조언을 주고 싶다. 먼저 옆집 엄마랑 멀어져라. 도움되지 않는 조언은 잘라내라. 확실한 육아 코치를 찾아라. 경험이 많고 사례에 유연해야 한다. 그리고 무엇보다 중요한 것은 예민한 아이를 키워봤어야 한다.

요즘 부모들은 우주에서 뚝 떨어진 육아를 하느라 너무 어렵다. 예전에는 가족을 단위로 한 육아 공동체가 있어 아기가 태어나면 여럿이 함께 키웠다. 그 여럿은 그냥 여럿이 아닌 육아관이 비슷하고 유전자가 유사한 사람들과의 합이다. 확실한 육아 조언자가 있었으며 수시로 도움을 받았다. 그런데 요즘 육아는 그렇지 않다. 아무도 육아를 도와주지 않는다. 조부모는 새롭게 열린 100세 시대를 준비하느라 바쁘다. 그들도 불안한 것이다.

부모는 인터넷에서, 앱에서 육아를 배워 아기를 키운다. 그나마 도움이 되는 정보라면 괜찮지만 소수에 해당하는 예민한 기질의 아기들은 갈팡질팡 맞지 않는 육아 방법에 농락당한다.

우리는 더욱 현명해질 필요가 있다. 『그릿』의 저자 앤절라 더크워스는 현명한 양육 방식에 대해 이렇게 설명한다. 권위 있는 현명한 부모란 사랑의 한계와 허용을 잘 배합하는 것이다. 사랑에서 비롯된 지식과 지혜로 권위를 세운다.

"그들은 자녀가 잠재력을 최대한 실현하려면 사랑, 한계, 자유를 필요로 한다는 점을 인식하고 있다. 그들의 권위는 권력이 아니라 지식과 지혜를 바탕으로 한다."

부모가 아이의 전문가가 되면 권위가 높아진다. 부모는 리더로서의 역할을 하게 된다. 아이에게 든든한 지지자이자 나침반이 되는 것이다. 요즘은 부모의 권위가 참 어렵다. 허용하는 부모는 많지만 권위 있는 부모는 많지 않다. 아이의 전문가가 되면서 자연스레 부모의 권위도 갖추게 된다. 권위 있는 부모 아래서 아이는 정서가 안정되며, 책임감 높고, 성취 능력이 우수한 아이로 자란다. 그러려면 꾸준히 경험하고 배워야 한다. 그리고 앞서 이야기한 것처럼 지름길은 분명 있다.

열 길 물속은 알아도 한 길 사람 속 모른다는 말이 있다. 나는 이 말을 수 클리볼드의 『나는 가해자의 엄마입니다』를 읽고 떠올렸다. 이 책은 충격적인 학교 총격 사건 가해자 부모의 이야기다. 부모는 아이 마음속을 몰랐다. 그래서 그 엄마는 호소한다. 아이의 마음속을 다 알 수는 없지만 알려고 노력해야 한다고, 그리고 사회가 도와야 한다고.

예민한 아이의 전문가가 된다는 이야기는 내가 예민한 아이 양육의 리더가 된다는 말이다. 내가 주도권을 쥐고 책임을 진다. 이런 부모 아래서 아이는 더욱 잘 자랄 것이다. 부모를 롤 모델 삼아 주도적인 인간으로 성장할 것이다.

긍정적인 환경을 만들어준다

정말 중요한 이야기를 꺼내려고 한다. 많은 예민 아이 육아서가 부모에게 너무나 많은 짐을 지운다. 다른 육아서도 그렇지만 예민한 아이 책은 더욱 그렇다. 부모 역할이 많은 것이 사실이다. 하지만 예민 아이 부모도 사람이다. 할 수 있는 것에 한계가 있는 지극히 평범한 인간인 것이다.

그래서 나는 나의 가장 중요한 노하우를 전수하고자 한다. 내가 아이를 잘 키울 수 있었던 가장 중요한 이유 중 하나다. 환경으로 노력의 반을 채워라. 내가 힘든 부분은 환경의 도움을 받아 반을 덜어내라. 이것이 부모에게도 아이에게도 환경에도 모두 윈윈의 전략이다.

아이의 환경을 설계해 힘듦을 덜어낸다

나는 완벽하지 않은 부모였다. 실수도 많이 했다. 하지만 의욕만큼은 넘쳤다. 정말 아이를 잘 키우고 싶었다. 나의 아픈 과거를 끊어내고 싶었다. 나와 달리 사랑 많이 받고 자란 아이로, 존재만으로 빛이 나는 아이로 키우고 싶었다.

그런데 나는 너무 부족했다. 남편도 마찬가지였다. 친정과 시댁의 도움은 일절 없었다. 아이가 너무 울고 보채면 맞지 않는 조언을 듣는 것도 괴로웠다. 고용한 도우미는 그만뒀다. 나는 벼랑 끝에 내몰렸다. 독박을 했지만 죽기 일보 직전이 되었다. 살이 찌고 허리를 다쳤다. 컨디션이 수시로 떨어져 자주 버럭 화를 내기도 했다. 계속 당 충전을 하며 하루를 버텼다.

무슨 방법을 찾아야 했다. 어떤 문화센터를 다녀도 힘들었다. 아이는 과자극 받기 일쑤였다. 음악 소리와 강한 조명 등에 아이는 힘들어했다. 다녀오면 밤에 더욱 잠을 설쳤다.

아이에게 맞는 활동을 찾고 찾다 숲 체험을 신청했다. 일주일에 한 번 한 시간 반씩 모였다. 끝나고 엄마들과 이야기도 하고 아이들이 모여 놀기도 했다. 숲 체험에 온 엄마들은 나와 성향이 비슷했다. 기관에 일찍 보내지 않았다. 아이에게 뭔갈 가르치려 급급하기보다, 아이의 행복을 우선하는 사람들이었다.

아이들도 다양했다. 아토피가 심한 아이, 두드러기로 고생하는 아이, 기관 적응을 못 해 엄마와 활동하는 아이, 사회성이 뛰어나고 상상 놀이를 즐기는 발달 빠른 아이. 그래도 전반적으로 예민한 기질의 아이들이 많았다. 비슷한 성향의 엄마와 아이들과 만나는 모임은 굉장히 즐거웠다. 아이들도 빗장을 풀고 쉽게 어울려 놀았다.

또한 교회에서 운영하는 아기학교라는 프로그램을 알고 참가하게 되었다. 아기학교에서 가족을 만난 것 같았다. 여러 선생님들이 지극히 챙겨주셨다. 아이들이 즐거워하니 엄마들도 즐거웠다. 우리 아이는 유달리 적응이 오래 걸렸다. 하지만 함께 여행을 가고 밥을 먹으며 사람들과 친해졌다. 문화센터보다 싸고 퀄리티가 훨씬 높아 만족스러웠다. 아이는 아기학교에 다니며 많이 성장했다.

후에는 내가 모임을 만들었다. 앞서 이야기한 것처럼 매달 만나 체험을 하는 놀이 모임과 한 달에 두 번 만나 아이 주도로 자연 놀이를 하는 숲 놀이를 만들었다. 숲 놀이에서 활동하는 고마운 회원님이 '리틀 포레스트'라는 이름을 지어주셨다.

숲 놀이에서 나는 감각 통합에서 배운 것을 적용했다. 깨알 같은 극복 경험을 넣은 것이다. 징검다리를 건너고 나무를 오르도록 도와주었다. 잠자리와 나비를 잡으며 성취감을 얻었다. 여름에는 물 풍선을 가지고 놀기도 했다. 아이들이 진짜 좋아했다. 집에 가서도 숲 놀이 이야기를 자주 한다고 했다. 자기 전에 또 놀고 싶다고 이야기한단다. 내 아이는 즐거웠던 놀이를 그리는 방학 숙제로 숲 놀이에서 물풍선 놀이 한 걸 그렸다.

생전 남에게 다가가지 않는다던 아이들이 다른 모습을 보였다. 시도를 두려워하던 아이들이 들판에서 뒹굴고 물에도 들어갔다. 놀다 잠들기도 했다. 나는 이 모임을 '기적의 숲 놀이'라 불렀다.

이 외에도 많은 노력을 했다. 기관 하나를 정할 때도 공을 들였다. 수십 군데 리스트를 뽑아 연락해서 물어보고 아이와 방문했다. 내 아이에게 더 맞는 곳 하나를 찾기 위해 얼마나 뒤지고 뒤졌는지. 마침내 내가 고른 기관에서 아이는 시간이 좀 걸렸지만 결국 적응했고 후엔 자신의 재능을 뽐냈다. 나중에 상담 받을 때 기관을 정말 잘 골랐다는 칭찬을 받았다.

놀이터도 여러 군데를 알아두어 아이의 컨디션에 맞게 골라 다녔다. 컨디션이 좋지 않은 날은 좀 더 초록 빛이 있고 모래가 있는 한적한 놀이터로, 좋은 날은 아이들이 많이 노는 놀이터로, 내가 힘이 있는 날은 좀 더 멀리 숲 놀이터로, 지루하다 싶으면 큰 공원의 놀이터로 갔다.

낯가림이 심한 나였지만 마트에 가거나 동네 엄마를 만날 때 열심히 인사하고 사람들을 챙겼다. 낯가리는 아이에게 모범이 되려고 한 것인데 그게 나중에 우리 아이가 예쁨 받는 요소가 될 줄 몰랐다.

병원도 좀 멀어도 잘 봐주는 곳을 찾아 방문했다. 교회도 아기학교를 통해 아이가 마음을 연 곳에 등록했다. 선생님과의 관계에도 많은 노력을 기울였다. 이렇게 직접 환경을 골라 설계했다. 하나씩 짜 넣은 환경이 아이에게 큰 영향을 발휘했다.

환경을 설계하는 방법은 의외로 쉽다. 아이의 반응을 무시하지 않으면 된다. 아이는 귀신같이 안다. 어디가 자기에게 우호적인지, 어디 가면 기분이 좋은지, 어떤 선생님이 잘 맞는지. 예민한 아이는 본능적인 생존 능력이 있다. 예를 들어 햇빛이 잘 비치지 않는 반지하에 가면 아이는 유독 불안해한다. 하지만 햇빛이 잘 비치는 기관을 방문하면 반응이 달라진다. 적응이 좀 더 쉽게 되는 곳은 분명 존재한다.

또한 아이에게 좀 더 잘 맞는 사람은 분명 존재한다. 우리 아이는 두 돌까지 사람들에게 전혀 스스로 다가가지 않았다. 할머니, 할아버지에게도 마찬가지였다. 그런데 감각 통합 상담을 받을 때 선생님에게 처음으로 스스럼없이 다가갔다. 깜짝 놀랐다. 덕분에 안정 애착이라는 소견을 받았다. 아이는 애착이 불안정해서 사람들한테 가지 않는 것이 아니었다. 자기에게 맞는 반응이 적극적이고 잘 웃는 긍정적인 사람을 찾지 못했기 때문이었다. 이 깨달음을 얻고 나는 많은 사람을 만나고 많은 장소를 뒤지기 시작했다. 덕분에 좋은 사람들과 좋은 장소를 많이 알게 되었다. 예민한 아이가 선호하는 것은 가장 좋은 것이었다. 예민할수록 더욱 그렇다.

믿을 수 있는 환경을 찾아 믿고 맡겨야 한다

H는 내향적이다. 꼼꼼하기도 하다. 사람을 쓰면 영 맘에 들지 않는다. 와도 일일이 챙기다 보니 결국 본인이 마무리하게 되는 경우가 많다. 놀이터에 가면 질병이 옮을까 봐 철저히 신경 쓴다. 걱정이 많아지다 보니 사실 놀이터에 잘 가지 않게 된다. 기관을 선택할 땐 나름 고심했으나 결국 집에서 가까운 곳이 최고라는 생각이 들었다. 엄마도 자주 밖에 나가지 않기 때문에 차 타고 아이를 데리고 다니는 건 시간을 뺏기는 거라 생각이 들었다. 병원을 소개 받아 좋은 곳에 다니게 되었다. 하지만 최대한 병원에 가지 않으려고 한다. 약을 먹이는 부작용이 걱정되기 때문이다. 이렇다 보니 엄마의 역할이 너무나 커졌다. 힘들지만 어디서부터 풀어내야 할지를 모른다.

이런 경우 엄마의 불안한 마음이 이해가 간다. 첫 아이를 키우면서 누구나 겪을 수 있는 감정이기 때문이다. 하지만 의도적으로 짐을 조금 내려놓을 필요가 있다. 내가 고른 환경을 믿고 맡겨야 한다. 그리고 그렇게 믿고 맡길 수 있으려면 그만큼 나와 맞는 곳으로 엄선할 필요가 있다. 예를 들어 나 같은 경우에도 아이 병원에 가는 것이 부담스러웠다. 하지만 항생제를 최소한으로 처방하고 아이에게 친절한 선생님이 있는 나에게 맞는 소아과를 찾자 생각이 달라졌다. 일단 제대로 고르고 그다음 맡겨보자. 육아가 한결 가벼워지는 느낌을 받을 수 있을 것이다.

맹자의 엄마는 아이 교육을 위해 3번 이사를 했다. 맹자 엄마는 교육열이 대단한 엄마로 알려져 있다. 그런데 나는 맹자의 엄마가 조금 다르게 보인다. 맹자 엄마는 정말 똑똑한 엄마였다. 만약 3번 이사를 다니지 않았으면 그 환경의 몫의 노력을 부모가 직접 다 해야 했을 것 아닌가? 현대판으로 치면 고급 강사 붙이고 학원 다녔어야 했던 것이다. 부모뿐만 아니라 아이도 동기부여되기 힘들지 않았을까? 근데 이사로 한 큐에 끝내다니! 맹자 엄마가 선택한 조금의 수고로 엄마도 교육이 쉬워졌고 아이도 쉽게 동기부여받았다.

환경을 설계할 줄 아는 엄마. 우리는 맹자 엄마가 되자. 맹자 엄마에 빙의하자. 교육에도 적용할 수 있을 것이다. 그런데 예민한 아이 엄마는 꼭 교육이 아니더라도 생존을 위해 그리해야 한다. 그러기 위해 몸을 일으켜 작은 변화를 일으키자. 찾고 방문하고 이야기 나눌 용기가 필요하다. 아이를 밤에 달래는 노력으로 충분히 가능하다. 초기에만 잘 세팅하면 오래도록 효과를 누린다.

여기까지는 외적인 환경을 이야기했다. 그런데 내적인 환경을 설계하는 방법도 있다. 나의 집을 가장 안정적이고 행복한 공간으로 꾸미는 것이다. 나는 베란다 텃밭을 운영 중이다. 아이들은 베란다에 종종 들어가 씨앗을 심고 흙으로 논다. 흙냄새를 맡고 초록색 잎을 보는 것만으로 통증이 줄어들고 정서가 안정된다는 연구 결과가 많다. 외출이 어려운 날 우리 아이들은 집에서 자연을 자급자족한다.

또한 자주 싸우는 남편과는 공간을 분리했다. 남편에게 방 하나를 내어준 것이다. 그러자 남편은 그 안에서 핸드폰하고 게임하며 자기 혼자만의 시간을 보낸다. 싸움이 대폭 줄어들었다. 남편뿐만 아니라 엄마를 위한 공간도 중요할 것이다. 나의 경우에는 베란다가 그런 나의 공간이다. 엄마와 아빠를 위한 공간을 각각 따로 만들자. 집 안에 작은 자연을 들이자. 육아 퀄리티가 한결 높아진다.

부모에게만 집중하는 육아의 시대는 끝났다. 이제는 불가능하다. 사실 불가능한 지 좀 됐다. 그래서 그렇게 엄마들이 힘들어했던 것이다. 현명한 부모라면 이제는 환경에 그 짐을 덜어야 한다. 사회가 많이 노력해야 한다. 하지만 그 사회를 움직이는 힘 역시 개인의 변화다. 환경에 관심을 갖자. 환경을 설계하자. 모든 것이 바뀐다. 특히 예민한 아이 육아는 더욱 그렇다.

외출 거부 때문에 걱정이에요.
밖에 나갈 수가 없어요.

저는 아이의 외출은 하루 세끼 밥 먹듯이 매일 꼭 해야 하는 필수 활동이라고 강조합니다. 그 이유를 설명 드릴게요. 먼저 아이의 시력 관리 때문입니다. 아이가 하루 두 시간 야외 햇빛에 노출되지 않으면 시력이 나빠져요. 정 하루 두 시간 챙기기 힘들면 주말에라도 몰아서 채우는 것이 좋습니다. 그리고 특히 예민한 아이는 감각 발달 때문에 그렇습니다. 외출만 꾸준히 챙겨도 오감이 고르게 발달하게 됩니다. 외출을 습관처럼 여기게 되는 것이 좋습니다. 예를 들어 오전에는 무조건 아침 산책을 한다든지, 하원 후 놀이터에서 일정 시간 논다든지요. 습관이 되면 나가기 싫어도 밥 먹기처럼 꼭 해야 하는 것으로 알아 쉬워집니다. 외출 시 입던 실내복 그냥 입고 나가도 돼요. 추운데 재킷을 걸치기 싫어한다면 일단 나가서 문 앞에서 입는 것도 하나의 요령입니다. 많은 예민한 아이들이 환경이 확 바뀌는 전환을 힘들어해요. 외출이 싫은 것은 실은 그런 전환이 싫은 이유도 많습니다. 전환을 조금 더 편히 여길 수 있게끔 잠시 아이를 안아주는 것도 좋습니다. 어떤 특정한 이유가 있는지 아이와 꾸준히 대화해보세요. 방법을 찾게 될 거예요.

06

부모의 기대를
아이에게 알려준다

'아이 주도 육아'가 한동안 유행했다. 특히 이유식이 그랬으며 놀이도 엄마표 놀이에서 아이 주도 놀이로 흐름이 바뀌었다. 아이가 주도하면 아이가 원하는 것을 더 잘 찾아갈 것이라고 믿는 사람들이 많다. 그런데 그렇지 않다. 읽으면 놀랄 법한 자료로 예를 들어 이야기해보겠다.

허용적인 육아가 아이를 망치는 이유

허용적인 육아가 자율성을 방해한다. 보통 허용적이면 더 자유롭게 탐색하고 경험해서 자율성이 쉽게 자라날 것 같지 않은가? 고영성은 『부모 공부』를 통해 권위 있는 부모의 아이들이 더 자율성이 좋은 이유를 설명한다. 그 이유는 제한 안에서 최선의 결정을 내리는 경험을 해보기 때문이다. 2004년 시행된 심리학자 스메타나의 연구에서 독립적인 결정을 많이 한 아이들이 청소년기 자율성이 더 낮았으며 학교에 적응하지 못했다고 드러났다. 아이의 자율성은 스스로 선택하고 결정할 때 발달하는 것이 아니었다. 한계를 인식할 줄 아며, 자신이 성취해야 할 것을 명확히 알고, 주어진 상황 안에서 결정을 내리는 경험에서 진정한 자율성이 얻어지는 것이다.

아이 주도는 아이를 더 주도하지 못하게 한다. 이 얼마나 혼란을 주는 이야기인가. 하지만 곰곰이 생각해보면 너무나 맞는 얘기다. 이 세상은 수많은 한계로 이루어져 있다. 기관에 가도, 놀이터에서 놀아도, 하다못해 집안에서 뛰어놀아도, 최소한의 하지 말아야 할 것은 있는 법이다. 첫 번째는 안전 때문에 그렇다. 책장을 마구 타고 오르게 내버려두는 부모는 없을 것이다. 책장이 무너질 위험을 아는 것이다. 놀이터에서 놀 때 기분이 나쁘다고 다른 아이를 밀쳐선 안 된다. 위험을 방지하는 것이 나를 위한 것이라면, 배려는 타인을 위한 것이다.

물론 아이 주도가 다 이와 같지는 않을 것이다. 하지만 한 가지는 기억해야 한다. 기대가 없는 아이 주도는 없다. 아이가 주도하도록 권장하는 것조차 부모의 기대를 담고 있다. 따라서 100퍼센트 아이 주도란 존재하지 않는다.

나는 처음에 아이가 어떻게 자라길 바랐다. 예를 들어 아이의 붙임성이 좋길 바랐다. 내가 자라며 큰 어려움을 겪었기 때문이다. 나처럼 공부를 잘하길 바랐다. 나는 공부로 평생을 성취하며 살았기 때문이다. 가만 보니 모든 나의 기대는 나의 과거와 연관이 있었다. 내가 못 이루거나 내가 특히 이룬 것을 아이가 하길 바라는 것이다. 그것은 이상한 것이 아니고 누구에게나 자연스러운 것이다. 보통 그렇게 키우게 된다.

하지만 일반적인 것이라도 옳으냐 그르냐로 깊게 들어가 보면 이야기가 또 달라진다. 아이가 공부를 잘하길 바랐던 난 아이 문자가 느리니 실망을 하게 되었다. 아이의 붙임성이 좋길 바랐던 난 아이 낯가림이 정도를 넘어서니 화가 났다. 나처럼 잘하지 못할까 봐, 혹은 나처럼 힘들게 살까 봐 그랬다.

아이의 존재만으로 사랑하라고 말한다. 그런데 그렇게 나의 아이에 대한 기대가 나의 과거와 연관이 있다면 아이가 내 기대대로 되지 않을 때 온전히 사랑할 수 있을까? 온전히 사랑하면 아이가 느리고 실패해도 그 부분까지도 사랑하여야 한다. 아이가 긍정적인 방향으로 나아갈 것임을 또 믿어야 한다. 그런데 내면아이와 연관이 있는 부분에서는 그러기 힘들어진다. 이성적으로 반응하는 것이 아니라 본능적으로 반응하게 된다.

부모의 기대는 가치, 특히 인성이어야 한다

많은 고민을 하다 나는 아이에 기대하는 방법을 싸그리 바꾸기로 마음먹었다. 먼저 아이의 존재에 기대를 걸었다. 잘 자라게 되리라는 믿음. 그건 아이에게 엄청난 긍정의 에너지로 작용했다. 나 자신에게 또한 그랬기에 안다. 또한 당장 눈에 드러나지 않아도 훗날 언젠가 빛을 발할 수 있는 것에 기대를 걸게 되었다. 배려 깊은 아이로 자라길 바랐다. 자신감 넘치는 아이로 자라길 바랐다. 뭘 해도 끈기 있게 하길 바랐다. 열정을 잘 발휘하며 살길 바랐다.

이렇게 항목을 나열해보니 나는 아이에게 고정적인 방식이 아닌 유동적인 가치를 기대하고 있었다. 또한 그 가치들을 잘 살펴보니 '인성'이었다. 인성 안에 모든 것이 다 있다. 배움, 배려, 끈기, 성취, 자존감, 명예로움 등이다. 인성을 기대로 삼으니 아이는 올바르게 자랐다. 느리고 부족해도 존재로 사랑받으니 아이의 자존감 그릇도 더욱 커졌다.

물론 아이에게 도움이 필요한 부분은 돕는다. 영어를 노출하고, 한글을 가르치고, 숫자놀이도 한다. 하지만 나는 그것을 즐겁게 한다. 그리고 못했을 때 화내지 않는다. 아이는 스스로 공부하며 모든 걸 놀이처럼 생각한다.

부모의 기대를 알리지 않는 육아는 허용적인 육아다. 부모는 리더로서 삶의 어떤 방향으로 나아가야 할지 본보기를 보이고 아이에게 기대를 표현할 의무가 있다. 물론 아이가 원하는 것을 하는 것이 맞다. 아이가 아이의 삶을 주도해야 한다. 부모가 원하는 길을 아이에게 구체적으로 주입하면 안 된다. 부모가 걸어야 할 기대는 따라서 존재이자 가치여야 한다. 또한 그 가치는 인성이 되는 것이 옳다. 인성에 모든 것이 있기 때문이다. 부모의 기대를 아이에게 알려주는 것은 삶의 나침반을 주는 것과 같다.

피그말리온 효과는 흔히 교육심리학에서 교사의 기대에 따라 학생의 성적이 달라지는 것을 말한다. 반대로 기대하지 않을 경우 성적이 떨어지는 것을 말하는 골렘 효과도 있다. 피그말리온은 그리스 신화에서 비롯된 이름이다. 피그말리온은 자기가 조각한 여성상을 진심으로 사랑하게 된다. 갈라테이아라는 이름을 지어 옷을 입히고 같이 자는 등 정성을 기울인 것이다. 그는 갈라테이아가 사람이 되게 해달라고 간절히 기도한다. 감명 받은 미의 여신 아프로디테는 그의 소원을 들어준다. 조각상은 인간이 되어 피그말리온과 결혼하여 아이까지 낳는다. 피그말리온은 소원을 이루었다.

교육심리학자 로버트 로젠탈 박사는 1964년 샌프란시스코 초등학교에서 돌발적으로 지능 검사를 시행했다. 하지만 검사에는 아무런 의미도 없었다. 실험자들은 결과를 무작위로 뽑아 담임 선생님에게 몇 명의 성적이 앞으로 크게 오를 것이라고 이야기했다. 선생님과 아이들은 앞으로 몇 아이들이 성적이 크게 오를 것이라 생각하게 되었다. 결과 해당 아이들의 성적은 실제로 향상되었다. 그 전년도에 시행된 로젠탈과 포드의 실험에서는 보다 많은 관심을 기울이고 지능이 높을 거라 생각하며 가르친 쥐가 미로를 더 잘 빠져나왔다.

기대는 부모에게도 적용될 수 있다. 스스로에게 어떤 기대를 하고 있는가? 한 번쯤 생각해볼 필요가 있다. 내 삶은 어떤 방향으로 나아가는가? 꿈이 있는가? 어떤 부모가 되길 바라나? 어떻게 삶을 살아가고 싶은가? 꿈이 있는 사람은 지치지 않는다. 당연한 일상도 소중하다. 힘든 하루도 자주적인 노력의 일부가 된다. 나는 한때 아이를 키우며 어떤 시도도 잘 되지 않으니 기대를 놓은 적이 있다. 하지만 그러자 우울증이 찾아왔다. 기대란 마법의 약과 같은 것이다. 같은 하루를 보내도 보다 더 행복해진다.

GE의 전 회장 잭 웰치는 말을 심하게 더듬었다. 아이들의 놀림감이 되었다. 하지만 엄마는 아이를 격려했다.

"네가 말을 더듬는 이유는 너의 생각 속도가 빨라서이다. 입이 너의 생각 속도를 따라가지 못할 뿐이다. 너는 훌륭한 사람이 될 거야"

엄마의 기대 때문인지 잭 웰치는 GE회장이 되었고 성공적인 삶을 살았다.

기대의 힘은 위대하다. 아이를 진정한 나로 자라게 만들며 또한 사람 구실하게 만든다. 기대란 아이가 어떤 모습이 되길 바라는 고정적인 것이 아닌 유동적인 가치여야 한다. 그러면 아이는 그 안에서 자율성을 활짝 펼쳐 잘 자라난다. 진정한 아이 주도가 생긴다. 가장 기대하기 좋은 가치는 인성이다. 인성을 기대 삼는 부모 아래서 아이는 멋진 인간으로 자라난다. 이 책을 읽은 부모가 키우는 아이들의 앞날이 기대된다.

07

부모가
감정을 조절하는
모습을 보여줘라

내가 아이를 낳고 처음 샀던 책들 중 하나가 오은영 박사님의 『못 참는 아이, 욱하는 부모』이다. 내가 가진 책은 2016년에 출판된 1쇄다. 책의 제목을 읽자마자 '아, 이 책은 사야해!'라는 생각이 들었다. 이유는 당연했다. 내가 한 욱하는 환경에서 자랐고 내 아이는 못 참는 아이였기 때문이다.

화를 조절하니 내 인생이 달라진다
·····································

나는 처음에 화를 참던 엄마였다. 왕년엔 한가락했던 사람이다. 하지만 아이를 낳고 잘 키우고 싶어 화를 참고 또 참은 것이다. 아이에게 화를 내면 안 된다. 그것이 내 머리에 각인되어 있었다. 화를 적절히 표현해야 한다는데 그 방법은 사실 어려웠다. 생전 화를 잘 표현해보지 않던 사람이었기 때문이다. 예를 들어 폭발시키거나 아니면 참던 사람이 하루아침에 '잘' 표현하라니 어디 그게 되겠는가. 일단 화를 참았다.

그런데 이게 아니라는 걸 알게 되었다. 내가 화를 참으니 아이도 화를 참는 것이다. 놀다가 갈등이 생겨도 말 한마디하지 않았다. 큰 충격을 받았다. '아! 안 되겠다!' 그때부터 화가 나면 조금씩 표현하기 시작했다. 물꼬를 튼 것이다.

처음에는 "엄마 화나려고 해." 예고하는 것으로 시작했다. 그런데 조금 화를 표현하니 그 후에 주체가 안 되는 것이다. 그냥 화를 내버리는 날이 생겼다. 그래서 "엄마 화나려고 해."에서 한 단계를 추가했다. "엄마 지금 화났어!" 한 단계 늘리니 좀 더 버티는 시간이 길어졌다. 그런데 그래도 또 주체가 안 되는 것이다. 화를 잘 낸다는 건 정말 오랜 숙련이 필요한 것이라는 걸 알았다. 그래서 한 단계 더 추가했다. "엄마 폭발 일보 직전이야!!" 이때 건드리면 정말 엄마가 어떤 액션을 취한다는 것을 아이들은 알게 되었다.

'폭발 일보 직전'을 외치고 나서 정말 폭발하지는 않으려고 노력했다. 처음에는 잘 안 되었는데 갈수록 다듬어졌다. 이 말이 나오고도 상황 정리가 안되면 나는 아이를 안아주던 걸 멈추거나 아이의 어떤 행동과 말에도 대응하지 않는 등의 방법을 취했다. 그런데 보통 이 말이 나오기 전에 상황 정리가 되었다. 아이들은 엄마가 폭발하는 걸 원하지 않았다. 이제는 화 조절이 잘된다. 그래도 실수하는 날이 있지만 아주 드물어졌다.

그저 참던 첫째는 아이들과 갈등이 생길 때 자신을 표현하는 아이가 되었다. 아이는 일정 시간을 거쳐 더욱 능숙해질 것이다. 나도 그랬으니까. 그리고 둘째는 행운아다. 이 모든 시행착오를 건너뛰고 이미 성장한 엄마를 만났으니 말이다.

화를 조절해 표현할 줄 알게 되니 육아가 달라진 것은 물론이고 내 인생이 달라지기 시작했다. 먼저 가족과의 관계가 나아진 것이다. 나에게 가장 중요한 것은 잘 표현하는 것이었다. 가족들에게 나의 화난 마음을 적당 선에서 풀어냈다. 나를 표현하고 나를 드러낸 것이다. 그러자 내가 배려하기만 했던 모든 상황이 나를 중심으로 조정되었다. 나는 사람들에게 맞추어만 살았는데, 그러다 참다 참다 폭발했는데, 이제는 사람들이 나를 중심으로 돌았다. 단지 내 감정만 드러내면 되었다. 나를 정말 사랑한다면 좋은 감정뿐만 아니라 나쁜 감정도 적절히 표현해야 한다는 걸 알게 되었다.

아이의 변화는 결국 부모의 삶을 통해 시작된다. 『아이를 위한 하루 한 줄 인문학』에서 인문학 전문가 김종원은 화를 조절할 줄 알며, 타인을 배려하고, 자신의 감정을 제어할 줄 아는 부모의 모습을 보이라고 조언한다. 아이는 저절로 최고의 가치관 교육을 받게 되는 것이다. 아이를 탓하기 이전에 내가 먼저 모범을 보이고 있는지 돌아보아야 할 것이다. 또한 부모가 약속을 지키는 모습을 보여주는 것이 아이를 위한 진정한 훌륭한 교육이다. 그는 아이를 잘 키우려면 이 문장을 필사하라고 조언한다.

"부모가 자기 삶을 귀하게 여기며 정성을 다할 때 아이의 모습도 부모가 원하는 그 모습으로 변한다. 아이들이 말을 안 듣는다고 걱정하지 말고, 아이들이 항상 당신을 지켜보고 있다는 것을 걱정하라."

감정 조절을 하기 전에 원인을 제거하라

이렇게 부모가 감정 조절을 잘 해내면 좋겠지만 어쩔 수 없는 상황이라는 것이 있다. 만약 부모가 너무나 잠이 부족하다면 과연 그 감정이 잘 조절이 될까? 나는 배고프면 당이 떨어지고 성격이 달라진다. 선천적으로 저혈압이며 공복혈당이 높다. 덕분에 항상 먹을 걸 챙겨 다니며 위험을 방지한다. 이처럼 안 되는 건 미리 방지해야 한다. 유발 요인을 제거하는 것이다.

예민한 아이를 육아하며 화를 가장 많이 유발하는 원인은 수면 부족으로 인한 피로일 것이다. 또한 제때 먹지 못해 억울한 마음일 것이다. 하루 종일 제대로 청소하지 못해 갑갑한 마음일 것이다. 이런 건 대체 어떻게 방지해야 하나?

도움을 받을 수밖에 없다. 가사도우미를 고용하자. 예민한 아이 전문 육아 도우미를 찾자. 사람을 쓰는 것이 꺼려진다면 가족의 도움을 받아야 한다. 정 안 되면 빨래는 일주일에 한 번, 밥 많이 해서 며칠 먹어도 괜찮다. 청소 매일 안 해도 된다. 결국 환경 조절이 열쇠다. 내 탓이라 생각하며 죄책감 가질 필요 없다.

『왜 나는 매일 아이에게 미안할까』의 저자 김아연은 아이에게 화를 조절하지 못하던 후배를 만난 이야기를 전한다. 후배는 의자에 앉더니 한숨부터 쉬었다. 어제도 아이에게 소리를 질렀다며, 부모 자격이 없다고 말했다. 그녀는 후배가 안쓰러웠다. 부모 자격이 없다는 자책을 막고 싶었다. 또한 화를 조절하는 부모가 되도록 돕고 싶었다. 후배를 자세히 보니 퀭한 눈과 짙은 다크서클이 눈에 띄었다. 딱 봐도 피곤해서 예민해진 것 같았다. 물어보니 후배는 매일 6시간 겨우 자며 그것도 자다 깨기를 반복하는 상황이었다. 하루만 잠을 못 자도 힘든데 며칠을 그러면 마더 테레사라도 아이한테 소리 지를 수밖에 없다고 말하니 후배는 웃었다.

김아연은 프랑스 임상심리학자 이자벨 피이오자의 이야기를 전한다. 부모들은 인내심이 부족한 것이 아니다. 화가 나는 원인이 있는 것이다. 흔히 아는 아이나 부모의 문제가 아니다. 예를 들어 아이가 장난감을 정리하지 않아 화를 냈다면, 그건 아이의 장난감 때문이 아니다. 피곤했다든지, 방금 청소를 했다든지 다른 원인이 있는 것이다. 화의 원인에는 숨은 원인이 있다. 저자의 숨은 원인은 대부분 피로였다. 그걸 자각하고 내가 피곤해서 과민하구나 생각하는 것만으로 화가 조절되었다. 그리고 화를 덜기 위해 피로를 적극적으로 관리했다. 집안일을 줄이고 반찬을 주문했다. 도움을 찾았다.

이렇게 환경을 조절하는 것이 방법이지만 또 다른 감정 조절 방법이 있다. 신을 믿는 것이다. 그러면 훨씬 삶이 윤택해진다. 예수님이던 관세음보살이던 정신적으로 의지할 곳이 필요하다. 물론 종교에 지나치게 빠지는 것은 좋지 않다. 하지만 좋은 종교 기관은 아이를 키우는 데 도움이 되기도 한다. 예를 들어 교회나 성당에서 유치원 혹은 어린이집을 운영하는 경우가 많다. 그런 곳에서 미리 사람들을 알아두면 아이도 훨씬 수월하게 해당 기관에 적응한다. 이런 경우 선생님들이 더욱 친절하고 사명감 넘치는 경우가 많아 일석이조다.

또한 명상을 하는 것도 도움이 된다. 명상은 감정을 객관적으로 바라보는 데 큰 도움을 준다. 단 5분의 투자만으로 하루가 바뀐다. 몇 달만 꾸준히 해도 감정 조절의 뇌 연결성이 강화되었다는 이탈리아 루카대 연구팀의 연구 결과가 있다. 여기서 특히 불안과 스트레스 수준이 크게 감소했다. 나는 둘째를 낳고 한창 힘들 때 안 좋은 일까지 겹쳐 너무 힘든 시기를 보냈다. 그때 명상을 처음으로 접하게 되었다. 명상을 매일 하며 나는 크게 달라졌다. 감정의 기복이 사라지고 혹시 힘들어도 잘 조절할 수 있게 된 것이다. 신을 믿는 것. 그리고 명상하는 것. 꼭 해보아야 할 부모의 감정 조절 방법이다.

우리는 부모에게 배우지 못한 감정 조절을 스스로 해내야 하는 세대다. 감정 조절을 받아보지 못했는데 내가 아이에게 하라니, 이 얼마나 거대하고 터무니없는 요구인가. 하지만 찾으면 방법이 있다.

먼저 작게라도 화난 감정을 표현해보는 것이다. 그렇게 연습하다 보면 단계적으로 표현하며 스스로도 조절하고 아이들도 대응하는 방법을 알게 된다. 이렇게 감정을 조절할 줄 알게 되니 인생이 크게 변한다.

또한 감정 조절 이전에 예방할 수 있는 것들은 예방하는 것이 좋다. 육아가 조금이라도 덜 힘들기 위해 환경을 조절해야 한다. 내려놓을 부분은 내려놓는다. 또한 보다 쉽게 가기 위해 신을 믿자. 명상을 하자. 이는 육아를 위한 감정 조절뿐만 아니라 전반적 삶의 질을 높여준다.

육아는 결국 개인의 라이프스타일 점검이다. 내 삶이 즐거우면 육아도 훨씬 수월하다. 그동안 해내지 못했다면 예민한 아이 육아는 좋은 기회다. 스파르타식으로 부모 삶의 질을 높여야 하게 될 테니까. 믿고 따라가자.

08

희생하지 마라, 엄마가 행복해야 아이도 행복하다

많은 육아서에서 엄마가 행복해야 아이도 행복하다고 말한다. 그런데 예민한 아이를 키우면서는 이 말이 조금 다르게 느껴진다. 과연 엄마가 행복해야 아이가 행복한 게 맞는 걸까? 아이가 정말 행복하려면 엄마는 조금 희생해야 할 수밖에 없는 것 아닌가? 골든 타임에 아이에게 중요한 정서 안정을 해내려면, 세상이 어려워 적응 시간이 좀 더 걸리는 아이를 케어하려면, 과연 예민한 아이 엄마는 행복해질 수 있는 걸까?

피하지 못하면 즐겨라

첫째가 어릴 때 나는 다시 학교로 돌아갈 생각이었다. 그 의지의 증거로 비행기 표를 끊어 놨다. 아이와 함께 돌아가서 도움 받으며 공부를 마칠 계획이었다. 그런데 아이가 너무 힘들어하기에 일정 시기 나의 도움이 강력히 필요하다는 판단이 들었다. 비행기 표를 취소했다. 하던 사업도 정리했다. 처음에는 속상했지만 선택의 여지가 없었다. 받아들일 부분은 빨리 받아들여야 했다.

아무것도 못하고 꼼짝없이 육아만 하게 된 나는 이렇게 된 거 차라리 육아에 미쳐보자는 생각이 들었다. 아이 낳고 고생해서 성공한 엄마들 보면 육아에 전념해서 이 시기를 기회로 삼은 엄마가 많지 않나. 뭐가 됐던 육아에 몰입해야겠다고 생각했다. 이 힘든 시기를 철저히 즐기기 위해서. 나도 행복하면 아이도 행복하다는 말은 꼭 내가 다른 일을 해야만 적용되는 이야기가 아니었다. 내 육아가 행복하면 아이도 행복한 것이다. 그럼 되었다. 딱 한 가지, 내가 육아를 즐기면 되었다.

그러기 위해 모든 환경을 세팅했다. 매일 아이와 눈 맞추고 놀았다. 매일 아이와의 하루를 일기로 세세하게 기록했다. 육아 열심히 하는 사람들과 이웃을 맺어 뭘 하나 자주 들여다보고 동기부여 삼았다. 나의 상황에 맞는 커뮤니티에서 활동했다. 나를 힘들게 하는 것들은 차단했다.

그러자 점점 몰입도가 올라갔다. 몰입이 극대화되면 사람의 능력이 상승한다. 전두엽이 강화되고 아이디어가 충만해진다. 나는 반응을 섬세하게 살피며 아이에게 필요한 게 무엇인지 간파하는 능력이 높아졌다. 이때 내가 썼던 기록, 배운 것, 깨달음 중에 놀라운 것들이 많다. 내가 아이를 키우며 알게 된 것들이 몇 년 후 전문가의 새로운 책으로 나온 경우도 많았다. 나는 완전한 육아 덕후였다. 내 육아 성찰은 전문가 못지않게 앞서갔다.

아이가 조금 크며 나도 육아에서 느슨해졌다. 기관을 다니고 내 시간이 생기니 또 새로운 열정이 타올랐다. 그때부터는 좀 더 사회활동을 하기 시작했다. SNS를 운영하고 모임을 만들었다. 내가 아는 것들을 전파했다. 어떤 일을 시작해야 할지는 몰랐지만 일단 내가 할 수 있는 것들부터 시작했다. 뭔가 방법을 찾게 될 것이라 믿었다.

이렇게 아이에게서 벗어나 나의 일이 생기며 새로운 즐거움이 생겼다. 나는 이제 전업맘 타이틀을 벗었다. 그렇다고 완전한 워킹맘도 아니다. 나는 고액의 프리랜서로 내가 일하고 싶을 때 일한다. 처음 모든 것을 그만두었을 때는 정말 암담했는데, 그때의 선택이 나쁘지 않았다는 생각이 든다.

이왕 큰 맘 먹고 육아에 뛰어든다면 제대로 하자. 즐기고 몰입하자. 아이를 어느 정도 키우고 난 후 정서적 성장과 재능 발현에 놀랄 것이다. 아이와 함께 했던 어느 한 분야에 깊이가 생겨 자연스럽게 콘텐츠가 생길 수 있다. 그

콘텐츠로 아이를 키우고 난 뒤 할 수 있는 것은 무궁무진하다. 돈도 훨씬 더 잘 벌 수 있다. 단지 방법만 알면 된다.

이와 달리 워킹맘이 되기로 결정했다면 디테일한 전략을 짜자. 롤 모델을 찾는 것이 중요하다. 워킹맘으로 예민한 아이를 잘 키운 사례는 우리나라 육아 권위자 중 한 명인 신의진 박사다. 신의진 박사의 책 중 『대한민국에서 일하는 엄마로 산다는 것』, 『나는 아이보다 나를 더 사랑한다』 등을 참고하면 좋다. 육아만 해도 행복할 방법이 있다. 또한 일하는 엄마도 잘 키울 방법이 있다. 두 마리 토끼를 다 잡을 방법이 분명 있다.

이연언어심리상담센터 김경림 대표는 『나는 뻔뻔한 엄마가 되기로 했다』에서 60점짜리 엄마면 충분하다고 전한다. 그녀의 첫째 아이는 아홉 살에 중추신경계 림프종 희귀암 진단을 받고 10년간 투병의 시간을 보냈다. 5년간 육아서 전문 프리랜서 편집자였던 그녀다. 누구보다 육아를 잘 하겠다고 마음먹었었다.

하지만 힘든 상황 속에서 그녀는 오히려 반대되는 엄마 노릇을 배웠다. 할 수 없는 건 과감히 포기하고 애쓰지 않게 되었다. 바쁘고 어려운 상황에서도 아이에게 상처를 줄까 봐 혹은 아이에게 잘못하고 있을까 봐 전전긍긍하는 엄마에게 그녀는 말한다. 너무 애쓰지 말라. 60점짜리 엄마면 충분하다. 그냥 뻔뻔해져도 된다. 당신은 지금 최선을 다하고 있다고 당당하게 말해도 된다. 중요한 것은 엄마 자신의 삶에 충실한 '나다운 엄마'가 되는 것이라고 그녀는 위로한다. 엄마가 여유로워야 아이도 자신을 표현할 수 있다는 것이다.

내가 생각하는 바람직한 부모의 점수는 몇 점인가. 김경림 대표는 자격증을 딸 때도 60점이면 통과라고 이야기한다. 내가 나 스스로에게 바라는 점수가 너무 높지는 않은가? 내가 왜 그렇게 잘하고 싶은가 생각해보자. 아이를 잘 키우기 위해서라면 내 점수가 그리 높지 않아도 괜찮다. 내가 앞서 이야기한 것처럼 환경에 반을 맡기면 아이는 잘 자란다. 나 말고 아이를 잘 봐줄 사람도 찾으면 분명 있다.

물론 내가 할 수 있는 데까지 최선을 다하는 것이 좋다. 하지만 그것이 즐거워야 한다. 즐겁게 몰입해 100을 끌어낼 수 있다면 그건 괜찮은 것이다. 하지만 즐겁지 않고 마음이 콩밭에 가있는데 100을 끌어내야 한다면 그건 고통스러운 경험이다. 아이와의 소중한 추억이 다시는 하고 싶지 않은, 너무나 괴로운 일로 남을 것이다.

엄마와 아이의 각각 다른 행복 키 방향을 조절하라

윤교육생태연구서장 윤옥희는 『하마터면 좋은 엄마가 되려고 노력할 뻔했다』에서 부모의 양육 효능감이 높으면 아이의 정서지능에도 영향을 끼친다고 말한다. 여기서 양육 효능감은 아이를 잘 키우는 엄마가 느끼는 감정이 아니다. 잘 모르고 서툴러도 상황을 긍정적으로 받아들이는 태도이다. 따라서 나는 잘하고 있다고 생각하는 것이 중요하다고 그녀는 말한다. '난 아이를 잘 키우고 있어.'라는 마음이 엄마를 쉽게 좌절하지 않도록 만들고, 아이와 문제가 생겼을 때 용기 있게 대처할 수 있도록 한다는 것이다. 이를 통해 엄마는 긍정적으로 변하고, 아이의 정서에 끼치는 영향도 긍정적으로 변한다.

이처럼 엄마가 행복하면 아이도 행복해야 한다. 그런데 접점을 찾기 어려운 경우라면 엄마가 행복해도 아이가 행복하기 어려워질 수 있다. 예를 들어 나는 이제 혼자 일하는 시간을 가지고 싶다. 둘째는 엄마와 하루 종일 있고 싶어 한다. 나는 둘째와 나의 마음 둘 다 고려하여 아이를 최대한 돌보되 오전 잠깐 3시간 정도 나가서 일을 보는 방법을 선택했다. 나의 빈 공간은 남편이 채우기도 하고, 어린이집에 오전만 보내 채우기도 한다. 사람을 고용할 수도 있을 것이다. 그런데 이처럼 서로 조금씩 내어주기 힘든 상황이라면 접점을 찾기 어렵고, 한 쪽이 맞추어야 한다.

내가 바라는 것과 아이가 바라는 것이 무엇인지 생각해보자. 그리고 아이와 엄마의 접점을 찾으려 노력하자. 만약 접점이 없으면 대리 양육자를 세워야 한다. 내가 총책임자가 되되, 나만큼 혹은 나보다 더 아이를 잘 돌보아줄 수 있으면 된다. 만약 아이와 엄마의 원하는 것이 일치한다면 포기할 것은 없다. 둘이서 함께 시너지를 일으키면 된다. 확실히 결정하고 즐겁게 육아하자. 뭐가 됐든 아이가 잘 자랄 것이라는 걸 잊지 말자.

서론에서 던졌던 질문에 대답해본다. 예민한 아이 엄마도 행복해질 수 있을까? 아이의 행복을 위해서라면 조금이라도 희생해야 하는 것 아닌가? 예민한 아이 엄마도 행복해질 수 있다. 그리고 예민한 아이도 행복하게 자랄 수 있다. 아이의 행복을 위해서 희생하지 않아도 된다. 방법이 있다. 그것은 헌신하는 것이다.

'희생'과 '헌신'은 수동적이냐 능동적이냐의 차이다. 아이가 원해서 내 것을 마지못해 내어주면 희생이다. 하지만 아이가 원하는 것을 나도 너무나 해주고 싶다면 그건 헌신이다. 관점의 차이다. 작은 것이 명품을 만든다. 내가 능동적으로 아이에게 해줄 수 있는 것은 무엇인지 생각해보자. 전업맘이냐 워킹맘이냐의 문제가 아니다. 어느 길이든 방법은 있다. 예민한 아이 육아의 총책임자로서, 서로의 접점을 찾자. 엄마도 행복하고 아이도 행복하게 자란다.

4장
......

예민한 아이를 크게 키우는 8가지 방법

딱 하나만 챙긴다면 자존감이다

"낮은 자존감은 계속 브레이크를 밟으며 운전하는 것과 같다."

– 맥스웰 몰츠

인생 되는 일이 없는가? 뭘 해도 힘든가? 매일의 만족을 느끼기 어려운가? 그렇다면 당신은 당신의 자존감을 돌아보아야 한다. 이런 상태에 있으면서도 스스로 자존감이 높다고 생각하는 사람도 있을 것이다. 내가 그랬으니까. 그런데 진짜 자존감 높은 사람은 어떤 상황에도 작은 것으로 만족을 찾아낸다. 자존감은 매일 작용하며 평생을 좌우한다. 그래서인지 첫 험난한 사회 생활인 초등학교 준비물로 자존감이 중요하단다. 다른 거 필요 없고 일단 자존감 하나면 게임 끝난다. 초등교육 전문가 김선호의 이야기를 들어보자.

내 아이의 쩌는 자존감

"하나만 선택하면 됩니다. 바로 '자존감'입니다."

김선호는 저서 『초등 자존감의 힘』의 첫 문장을 이렇게 시작한다. 그에 의하면 자존감은 '길'이다. 자존감은 목숨보다 소중하다. 자존감이 높은 아이는 자기 욕구 표현이 정확하다. 또한 자신과 타인을 속이려들지 않는다. 스스로의 결정에 책임지는 근원적인 힘을 가졌다. 또한 뚜렷한 자존감을 가진 아이는 자신이 무엇을 좋아하고 하고 싶은지를 안다. 스스로 놀고 공부하며 많은 것을 스스로 한다.

그에 의하면 자존감은 내가 아닌 타인의 시선을 통해 형성되는 것이다. 나를 바라봐주는 사람, 그리고 가장 중요한 내가 형편없어도 나를 바라봐주는 사람의 시선이다. 아이의 문제 행동에도 따뜻한 시선으로 긍정적인 훈육을 하는 것이 중요하다. 이런 아이는 쩌는 자존감이 형성된다. 그리고 자기중심성의 시간을 충분히 보내는 것이 좋다. 자신이 원하는 것을 충분히 누려보아야 한다. 자존감 형성에 결정적인 역할을 하는 것은 아무런 조건 없이 수용해주는 부모다.

쩌는 자존감이라니. 정말 쩌는 표현이다. 읽으며 전율을 느꼈던 기억이 난다. 나는 내 아이가 쩌는 자존감을 갖길 바랐다. 왜냐하면 거지같은 자존감으로 오래 고생했던 나이기 때문이다.

나는 내 자존감이 낮은지 몰랐다. 나는 어려운 환경 속에서도 항상 감사하는 습관이 있었다. 책을 읽고 배운 것이다. 나는 나 자신에 대해서도 감사했다. 내가 많은 일들을 해낼 수 있음에 감사했다. 실제로 내가 원하는 것들을 이루기도 했다. 나 스스로에게 자신이 있었다. 여기까지 들었을 때 어떤가? 꽤 자존감 높아 보이지 않는가? 나는 내 자존감이 높은 줄 알았다. 그런데 그건 자존감이 아니었다. 나는 '자신감'이 높은 것이었다.

'자신감'은 내가 어떤 일을 할 수 있는 능력을 가졌다고 확신하는 것이다. 반면 '자존감'은 있는 그대로의 나를 사랑하는 것이다. 자신감만 높은 내 삶은 항상 삐걱였다. 매일 술을 마시지 않으면 힘들었다. 내 외모에 항상 불만이 있었다. 사람들이 어떻게 나를 판단할지를 기준으로 움직였다. 컨디션이 수시로 떨어져 힘들었다. 사람을 만나면 상대에게 맞추느라 심하게 지쳤다. 뭔가 이루는 것 같으면서도 실생활은 엉망이었다. 자존감이 높다면 사람들에 상관없이 내가 원하는 말을 할 수 있어야 했다. 또한 남이 아닌 내 기준으로 판단하고 움직여야 했다. 일상이 힘든 원인을 찾고 앞으로 나아갈 수 있어야 했다.

아이를 낳고 모든 것이 개편되었다. 나는 나를 사랑해야만 했다. 왜냐하면 아이를 사랑하려면, 내 존재를 사랑하지 않고는 그리할 수 없었다. 내 핏줄이니까. 내가 내 아이를 보는 눈빛이 싸늘해질 때, 나는 내가 아이가 아닌 나 자신을 보는 것을 알았다. 땅 끝부터 끌어 모아 내 존재를 보듬어야 했다. 어느 날 우연히 나의 진정한 내면아이를 발견하고 나라를 잃은 것처럼 눈물을 펑펑 쏟았다. 나는 사랑받지 못하고 자란 아직도 울고 있는 어린 아이였다. 너는 충분히 사랑스러운 존재라고. 존재만으로 충분하다고. 아기를 다루듯이 나를 안았다.

내 삶은 달라졌다. 나는 더 이상 노 메이크업이 부끄럽지 않다. 거지같이 입고 다녀도 빛이 난다. 나 자신과 인생을 당당히 드러낸다. 어설프게 춤추고 노래도 부른다. 두려운 것은 없다. 그만큼 나의 자존감은 채워졌다.

그리고 나는 정말 공부를 많이 하는 사람이다. 공부는 나의 최애 취미다. 그런데 이를 사람들에게 효과적으로 알리는 법을 몰랐다. 내 배움과 삶의 경험은 필요한 사람들에게 정말 도움이 되고 최고의 코칭이 될 것이었다. 그러나 내가 혹시 잘난 체하는 건 아닐까 생각했다. 자랑하지 않는 것이 배려인 줄 알았다. 진짜 배려는 그것이 아니었다. 이것을 깨닫고 이 책을 쓰게 되었다.

한국엄마공부코칭협회를 설립하고 예민아이부모학교 과정을 오픈하여 영혼까지 어루만지는 코칭을 시작했다. 나에 걸맞는 최고의 코치를 만나 도움을 받았다. 나의 자존감이 채워지자 모든 문이 열렸다.

자존감이 일으킨 나의 변화가 놀랍다. 매일의 감정 기복이 사라졌다. 늘 각성되어 있던 신체 증상도 사라졌다. 그리고 놀라운 것은 자존감이 올라가면 영적 능력도 함께 상승한다는 것이다. 조건 없이 수용하는 배려 깊은 사랑이 인간의 최고 경지에 해당하는 의식 수준이라 그렇다.

당신의 삶이 힘들다면 자존감을 점검하라. 자존감 낮은 내면에는 수용 받지 못한 어린 아이가 있다. 내가 가장 바보 같던 순간 나를 긍정적으로 바라봐주던 사람이 없었다. 그래서 나는 나를 바보로 생각하게 되었다. 그 바보는 지금도 내가 뭐만 하려 하면 나는 바보니까 하지 말라고 한다. 그리고 자기와 함께 있어달라고 한다. 왜냐하면 영원히 잊혀지고 버림받을까 두렵기 때문이다. 이제는 내면아이를 도닥일 때가 되었다. 당신의 내면아이는 울고 있다. 울고 있는지조차 당신은 모를 수 있다. 하지만 이제 알게 될 것이다. 나를 만났으니까.

내면아이를 치유해야 자존감이 회복된다

내면아이를 찾아가야 한다. 그를 끌어안고 한바탕 같이 울어주어야 한다.

그리고 말을 건네야 한다. 너는 존재만으로 사랑스러운 존재라고, 바보 같은 네가 아무리 사랑받지 못했더라도 어른이 된 내가 너를 조건 없이 사랑한다고, 보물을 주고 가겠다고, 너는 행복해질 거라고, 내가 그렇게 만들 거라고 생각의 씨앗을 심어주어야 한다. 그리고 마지막으로 약속해야 한다. 네가 원하면 언제든 다시 오겠다고. 당신은 시간 여행자이자 터미네이터가 된다.

이를 계속 반복해야 할 수도 있다. 내면아이가 너무나 강하게 문을 닫아놓아 찾지 못할 수도 있다. 여기서 명상은 큰 도움이 된다. 나는 명상으로 내면아이를 치유하는 사람을 많이 보았고, 나 역시 그랬다. 내면아이를 치유하고 자존감이 회복되면 행복이 차오른다.

"학력지상주의와 성적지상주의가 판을 치는 우리 사회에서 내 아이를 행복한 어른으로 키우는 열쇠이다."

EBS 프로듀서 정지은, 김민태가 『아이의 자존감』을 통해 전하는 자존감의 정의다. EBS 〈아이의 사생활〉 방송 제작팀이 자존감 높은 아이와 낮은 아이 인터뷰를 진행했다. "지금 행복한가요?"라는 질문에 자존감이 낮은 11~12세 아이는 아니라고 하거나 대답을 회피했다. 제작팀은 이 인터뷰를 방송에 소개하지 않았지만 가장 가슴 아팠던 부분이라고 했다. 50퍼센트의 확률을 놓고 자존감이 낮은 아이는 질 것 같다고 이야기했고, 자존감 높은 아이는 이길 것 같다고 이야기했다.

이런 생각의 차이는 자기 자신에 대한 긍정적 자신감에서 비롯됐다. 자존
감은 관점의 차이를 낳는다. 이는 아이의 행복과 밀접한 연관이 있다. 자존
감이 높은 성취도에 기여하지만 부모들은 그보다 더, 아이의 행복을 위해 자
존감에 관심을 가져야 한다.

당신은 아이가 딱 하나만 가질 수 있다면 무엇을 꼽겠는가? 명문대 졸업장
이나 의사 면허는 아닐 것이다. 아마도 당신은 아이가 행복하기를 바랄 것이
다. 내가 아는 수많은 부모들이 아이가 행복하길 바란다고 이야기했다. 자존
감을 챙기라고 이야기하는 이유는 그러한 부모들의 마음을 알고, 나 또한 아
이의 행복을 가장 바라기 때문이다. '행복'의 정의가 뭘까?

"인간에게 있어서 궁극적인 목표는 행복이다." - 네이버 지식백과
"욕구와 욕망이 충족되어 만족하거나 즐거움을 느끼는 상태." - 위키백과

자존감을 챙기면 아이는 일찍이 인간으로서 궁극적인 목표를 달성하게 된
다. 욕구와 욕망이 충족되어 만족스러운 삶을 살게 된다. 내 아이들을 보니
매 순간순간을 깔깔 웃고 엉엉 울기도 하며 충실하게 산다. 뜻대로 안 되는
것은 잠시 기다릴 줄 알지만, 꼭 하고 싶은 건 어떻게든 방법을 찾아서 해내

기도 한다. 삐쭉빼쭉 개성 넘치지만 모두 자신을 사랑할 거라 생각한다. 아이들은 두려움 없이 현재를 충실히 살아간다. 행복의 다른 말은 '현재'가 아닐까.

아이가 가져야 할 것으로 많은 걸 기억하기 어렵다면 이것 하나만 기억하라. 자존감이다. 자존감은 행복한 아이의 열쇠다. 높은 정서지능의 초석이다. 자존감 높은 아이는 현재를 충실히 살아간다. 어떻게든 방법을 찾아 그리한다. 또한 부모의 자존감이 높으면 아이의 자존감도 높다.

자존감을 살려내기 위해 부모의 내면아이를 응급 치료하여야 한다. 명상으로 나의 내면아이를 찾아가라. 혹시 엉엉 울고 있지는 않은가? 문을 꼭꼭 걸어 잠그지는 않았는가? 내면아이를 잠재우면 나의 의식은 제자리를 찾는다. 현재를 살아갈 수 있게 된다. 이제는 행복할 일만 남았다.

어릴 때부터 반드시 한계를 가르친다

"네 부모를 공경하라. 그리하면 네 하나님 여호와가 네게 준 땅에서 네 생명이 길리라." - 「출애굽기」 20:12

출애굽기 20장에 하나님이 이스라엘 사람들에게 내린 다섯 계명이 있다. 그 중 하나가 부모님에 대한 구절이다. 부모를 공경하면 복을 받을 것이란 내용이다.

부모를 공경하라는 것의 의미는 뭘까? 먼저 부모를 공경하는 사람의 마음을 들여다보자. 존중, 예의, 복종이다. 부모님이 나를 낳고 키워주신 노력에 대한 최소한의 대접이다. 이 구절이 남다른 이유는 단순히 부모를 공경하라는 것 때문이 아니라, 그럴 경우 하나님이 어떤 보답을 줄지 설명하는 부분 때문이다. '생명이 길리라'는 장수하고 대대손손 복 받을 것이라는 의미다.

부모 공경이 대체 뭔데 이렇게 큰 복을 받는가? 부모 공경이란 내 스스로 원해 부모의 영향 아래 살게 된다는 의미다. 부모에게 순종한다는 의미다. 어떤 자료를 읽어도 육아 머리로 돌아가는 난 이 구절에서 올바른 '한계 설정'의 해답을 찾았다.

진짜 사랑한다면 한계 설정이 필요하다

워싱턴 DC의 30년 경력 정신과의사 엘렌 웨버 리비는 『페이버릿 차일드』를 통해 잘못된 사랑이 독이 된 사례를 전한다. 대표적인 예가 미국 전 대통령 빌 클린턴이다. 그는 미국 역사상 가장 뛰어난 대통령 중 하나였음에도 섹스 스캔들과 그 후의 거짓 증언으로 자멸했다. 그는 자신의 행동이 위험하다는 것을 몰랐다.

이런 빌 클린턴의 성향에는 어린 시절의 경험이 있었다. 빌 클린턴의 엄마는 아들 빌에게 원하는 것은 무엇이든 할 수 있다는 믿음을 주며 키웠다. 이는 그가 젊은 나이에 정치가로 성공하는 데 중요한 역할을 했다. 하지만 특권 의식과 책임감 결여라는 문제를 낳았다. 그는 자신에게도 한계가 있으며, 잘

못에 대한 책임을 져야 한다는 것을 배우지 못했다.

리비 박사에 의하면 총애는 힘 있는 어른이 아이에게 우월적인 지위를 부여하는 것이다. 총애를 받은 사람은 높은 자존감과 성취로 사회에서 승승장구한다. 자신의 가치에 대한 확신, 그리고 도전을 헤쳐나가는 자신감이 바탕이 된다. 하지만 빌 클린턴의 사례처럼 자만과 무책임이라는 부작용을 함께 낳을 수 있다.

그는 총애의 부작용을 중화시키는 방법으로 '도덕심' 함양을 이야기한다. 이를 위해 아이를 둘러싼 가족 간 의사소통이 중요하다. 자녀는 부모의 한계 안에서 자라야 한다. 끝을 모르고 날뛰는 망아지는 어디로 튈지 몰라 불안하다. 부모는 아이에게 특권을 주는 것만이 아니라, 어떤 것이 되고 안 되는 행동인지를 가르칠 의무가 있다.

나는 이러한 페이버릿 차일드 사례를 안다. 우리 아빠가 그랬다. 막내이고, 외모가 준수하며, 재능이 많은 우리 아버지를 친할머니는 정말 예뻐했다. 아버지 위에 누나와 형이 있었는데 우리 아빠만큼 사랑받지 못했다. 부모님의 이혼 후 큰아빠는 친할머니 집에 있는 우리 남매를 자주 때렸다. 큰아빠의 눈동자에는 분노와 미움이 서려 있었다. 그 눈은 우리를 보는 것이 아닌 우리 눈빛 너머에 있는 우리 아빠의 모습을 보았다. 크게 사랑받던 우리 아빠는 승승장구했고 안 되는 일이 없었다. 수많은 졸업장과 경력을 쌓았다. 최고의 위치까지 올라갔다. 우리 아빠를 싫어하는 사람은 아무도 없었다. 가까운 가족만 빼고.

우리 아빠는 외도를 했다. 이혼 후에도 자신이 결혼했던 것을 속였다. 나는 없는 존재가 되었다. 할머니 장례식 때 아빠는 나에게 큰아빠 딸이라고 말할 것을 요청했다. 아빠를 아는 사람들이 많이 오기 때문이었다. 아빠는 재혼을 해서 또 아이를 낳았다. 그 아이와 새엄마는 아빠의 과거를 몰랐다. 나는 아빠 장례식에 가지 못했다. 그들이 나의 존재를 모르기 때문이었다. 그냥 가버릴 걸. 지금은 후회가 많이 된다.

아빠는 하루에 담배를 두 갑씩 피웠다. 암에 걸렸다. 수술을 해서 죽다 살아났다. 그런데 또 담배를 두 갑씩 피웠고 술을 마셨다. 자신만만했다. 불가능한 것은 없었다. 이 세상은 모두 자신의 것이었다. 아빠는 다시 암에 걸렸다. 폐암 말기였다. 아빠는 후회했다. 왜 담배를 다시 피웠을까 후회해도 늦었다. 컨디션이 많이 나빠진 아빠는 살겠다고 차가운 물로 냉수욕을 하고 그날 돌아가셨다. 아빠 스스로에게 불가능은 없었다. 마지막 날까지.

나는 이런 아빠를 보며 배웠다. 아빠는 마지막 날 가장 큰 교훈을 얻었을 것이다. 아니, 내가 얻었다. 사람은 자신의 한계를 알아야 한다. 그 한계란 쉽게 말해 내 목숨일 수 있다. 내 영혼에는 한계가 없다. 하지만 내 육신에는 한계가 있다. 그것을 사람들은 알아야 한다.

그리고 내 아이에게도 가르쳐야 한다. 가장 처음 시작은 위험한 것을 하지 않도록 가르치는 것, 그리고 다른 사람들이 위험하지 않도록 배려하는 것. 진짜 사랑은 허용이 아니다. 사랑에 적절히 배합된 한계다.

한계는 스스로 책임지는 아이를 만든다

오랜만에 마트에 놀러갔다. 장난감 코너를 지나간다. 아이들의 눈이 휘둥그레진다. 한참 서서 구경한다. 눈을 떼지 못한다. "와, 이거 사고 싶다!"를 연발한다. 구경하는 모습을 한참 지켜보던 나는, "자 원하는 거 골랐어? 그럼 이제 가자~. 다음에 살 수 있을 때 와서 사자."라고 이야기한다. 그럼 아이들은 쪼르르 나에게 달려온다. 웃으며 다시 내 손을 잡고 장난감 코너를 빠져나온다. 아직 어리지만 절제력이 있는 아이들, 자기가 원하는 걸 잠시 미룰 줄 아는 아이들, 어릴 때부터 한계를 가르친 내 아이들이다.

우리 남편은 어렸을 때 마트만 가면 드러누워 일어나지 않았다고 한다. 원하는 걸 사줄 때까지 떼를 쓰고 소리를 질렀다. 눈물 한 방울 나지 않았다고 한다. 사실은 자기도 이렇게 하면 부모님이 사줄 것을 알았단다. 비슷한 유전자를 가졌지만 한계를 가르친 우리 아이들은 다르게 행동한다. 물론 처음에는 사고 싶다고 대성통곡했다. 우는 아이를 안고 가게를 빠져나왔다. 나는 아이가 조절할 수 있을 것이라 믿었다. 포기하지 않고 꾸준히 가르쳤다.

아주 어릴 때부터 돈의 개념을 가르쳤다. 일주일에 살 수 있는 금액의 한계가 있음을 알려주었다. 아이들은 그걸 알고 나서 사고 싶은 게 있으면 돈을 모은다. 그리고 지금 당장 못 사고 다음에 살 수 있다는 것을 배웠다. 기다리는 법을 알게 되었다. 엄마가 "안 돼." 하면 엄마의 말을 듣는다. 하지만 정말 하고 싶고 그게 나쁜 것이 아니면 쉽게 포기하지 않는다. 다음을 기약하고 방법을 도모할 줄도 안다. 한계를 가르쳐야 한다기에 그렇게 했는데 이런 효과가 있을 줄 몰랐다. 내 아이들이 자랑스럽다.

한계는 스스로 책임지는 아이를 만든다. 이렇게 적절히 한계를 가르치며 키우는 부모는 진정한 리더다. 나는 오랜 관찰로 권위 있는 부모란 '현명한 리더'라는 것을 알아냈다. 권위 있는 부모에게 자란 아이는 이런 특성을 보인다. 부모의 말을 잔소리로 여기지 않는다. 부모에게 크고 작은 조언을 구한다. 부모를 자랑스러워한다. 또한 부모가 부르면 응답하여 부모 가까이 온다. 물론 성장기 때 아이들은 반항아가 된다. 성장기를 제외한 컨디션이 좋은 날 아이가 이런 모습을 보이는지 보자.

이와 관련해 『베이비 브레인』의 미국 뇌 과학자 존 메디나는 어디에나 놀라운 아이들이 있다고 설명한다. 공부 잘하고, 운동 잘하고, 잘 놀기까지 하는 그들이다. 일명 '엄친아'로 불리는 다재다능한 아이들은 권위 있는 부모 아래서 탄생한다고 그는 설명한다. 여기서 권위 있는 부모들은 애정과 통제가 균형을 이룬 양육을 한다. 아이는 안정감과 자신감을 함께 얻는다.

미국 심리학자 다이애나 바움린드는 부모가 아이에게 주는 애정과 통제를 기준으로 부모의 양육 방식을 네 가지로 분류했다. 권위 있는 양육은 이러한 네 가지 부모 양육 모델의 가장 긍정적인 형태다. 나머지 양육 방식으로는 독재적인 양육과 허용적인 양육, 그리고 방임적인 양육이 있다. 독재적인 양육은 통제가 애정보다 높다. 아이에게 많은 것을 요구하지만 아이에 대한 지지는 적다. 허용적인 양육은 애정이 통제보다 높다. 아이를 사랑하고 많은 것을 허락하지만 아이를 제대로 가르치지 않는다. 마지막 방임적인 양육은 지지와 통제가 둘 다 낮다. 아이에 대한 관심과 사랑이 없다.

권위 있는 부모가 가장 현명한 부모라고 한다. 아이에게 애정을 주는 만큼 기대도 하는 것이다. 이런 부모 아래서 아이는 행복하고 성공적인 인간으로 자란다. '그로잉맘' 이다랑 대표는 부모는 이렇게 권위 있는 부모를 'Yes'와 'No'의 균형이 있는 부모라고 말한다. 이러한 균형은 올바른 훈육의 기초다. 그녀는 부모가 평소 생각보다 많은 통제를 하기 때문에 훈육의 효과가 떨어진다고 이야기한다. 그리고 'Yes'는 그냥 허용이 아닌 충분한 애정이어야 한다. 눈 맞춤, 스킨십, 칭찬과 격려, 그리고 놀이의 주도권 주기 등이 그것이다. 그러면 아이의 부모에 대한 신뢰가 상승하게 되고 협력을 끌어내기 쉬워진다.

보다 이해하기 쉽게 설명하겠다. 육아는 결국 관계다. 신뢰하는 사람에게 아이는 더 마음을 연다. 아이의 신뢰를 끌어내려면 부모가 리더가 되어야 한다. 아이를 허용할 때와 한계를 지어야 할 때를 잘 아는 것. 허용이냐 한계냐가 중요한 것이 아니다. 리더의 소양은 결국 결정 능력이다. 상황에 맞는 올바른 결정을 내리는 것. 그리고 그것이 옳았음을 지속적으로 증명해내는 것. 아이의 존경은 인간 대 인간의 관계에서 이루어진다.

한계를 가르친다는 것은 결국 부모가 현명한 리더가 된다는 것을 말한다. 언제 허용해야 하고 언제 한계를 지어야 하는지 부모는 매 순간 결정을 내려야 한다. 쇼핑몰에서 옷 살 때 뭘 사야 할지 몰라 한참을 고민하다가 그냥 돌아오는가? 결정을 내리기가 너무 힘든가? 그렇다면 아마도 권위 높은 부모가 되는데 어려움을 겪고 있을 것이다.

먼저 부모의 전두엽을 키워야 한다. 작은 것이라도 결정하는 경험을 해보라. 선택사항이 많은 곳에 가서 고민하지 말고 딱 2개씩만 놓고 선택하자. 하지만 예민 아이 육아는 굳이 그런 노력을 만들어내지 않아도 된다. 내가 아이를 훈육해야 하는지 안아주어야 하는지 매번 결정을 내려야 하는 도전 과제일 것이다. 내 아이의 눈을 보자. 그리고 나를 보자. 그리고 또다시 해보자. 모르는 것은 배우자. 아이는 부모를 공경하여 대대손손 복을 누리게 될 것이다.

아이의 공격성 어쩌면 좋을까요?

아이의 공격성 때문에 고민이시군요. 저도 아이의 공격성으로 많이 힘들었어요. 첫째는 컨디션 안 좋을 때 저를 꼬집었고 둘째는 어릴 적 한 1년 동안 손을 주체를 못 하더라고요. 먼저 공격성에 다른 인식이 필요합니다. 사람에게 공격성이란 꼭 있어야 하는 생존 능력입니다. 어떻게 풀어내느냐의 차이입니다. 예를 들어 공격성을 잘 발휘하지 못하는 사람은 타인이 나를 헤쳐도 저항하지 못하고 참습니다. 당당히 나를 드러내는 것, 그리고 불합리한 일에 대항하여 나를 지키는 것 모두 공격성의 역할입니다. 자기 조절과 도덕성은 후천적으로 학습되는 것입니다. 단 아이가 타인을 해치는 공격성을 드러낼 때는 단호히 안 된다고 알려주는 것이 좋습니다. 하지만 아이는 또 반복합니다. 알지만 조절이 되지 않는 것입니다. 이런 경우 아이의 공격성을 놀이로 승화시키는 것도 좋은 방법입니다. 저는 펀치 백을 들였고, 두더쥐 게임으로 스트레스를 풀게 했습니다. 압박이 강하게 들어가는 조금 강도 높은 몸 놀이를 하는 것도 좋은 방법입니다.

책을 좋아하는 아이로 키워라

예민한 아이에게도 책은 유용하다. 사실 필수다. 책은 전두엽 능력의 집합체다. 어떤 내용을 정리해 하나의 주제로 순서대로 엮는 것, 그리고 그것이 보다 잘 읽히도록 수정에 수정을 거듭하는 것. 그렇기에 책은 오래 보존된다. 한 권만 읽어도 한 사람의 인생을 알 수 있다. 책을 쓰는 것은 인간만이 할 수 있는 고도의 두뇌 능력이다. 책을 만드는 것뿐만 아니라 책을 읽는 사람도 그러한 전두엽을 자극 받는다. 짧은 시간에 많은 지식과 지혜 경험을 축적하게 된다. 그래서 예민한 아이들은 대체로 책을 좋아한다. 산만해서 가만히 앉아 책을 읽지 못해도 이야기로 접근하면 흥미를 보인다. 예민한 아이에게 책을 읽어주면 부모와의 상호 작용으로 정서가 발달하며 또한 전두엽 발달에도 좋다.

책으로 자란 아이들

'하은맘'으로 유명한 김선미는 『십팔년 책육아』에서 책육아로 유전, IQ, 가문까지 싹 다 뒤집어진다고 말한다. 그녀에 의하면 학원과 학습지 대신 책으로 아이를 키워야 한다. 책값은 사교육비의 반의 반도 안 된다. 하지만 인성, 지성, 감성은 꽉꽉 채워진다. 아이는 널널한 시간에, 엄마 옆에서, 자연과 함께, 책으로 자란다. 책만큼 저렴한 비용으로, 탄탄한 커리큘럼에, 심도 깊은 몰입을 보장하는 도구는 없다. 사회를 움직이는 놀라운 능력의 사람들은 대부분 책 속에 파묻힌 시절을 보냈다는 게 그녀의 이야기다. 책으로 키운 그녀의 딸 흥 많은 하은이는 최연소로 연세대학교에 입학해 현재 즐거운 대학생활을 누리고 있다.

육아란 바보를 천재로 만드는 것이 아니라 천재로 태어난 아이를 바보로 만들지 않는 것이다. 사랑이 샘솟아서 "사랑해." 라는 말이 나오는 것이 아니라 내가 "사랑해."라고 말하기에 아이는 사랑스러워진다. 까탈스러운 아이가 왜 나에게 온 건지 질문에 대한 답을 찾으며 온몸으로 뚫어내야 진짜 엄마가 된다고 그녀는 조언한다.

사람들이 나에게 어떻게 그렇게 불우한 환경 속에서도 단단한 어른으로 자랄 수 있었냐고 묻는다. 사실 나는 단단한 어른은 아니었다. 20대 내내 알

콜 중독자였고 우울증을 앓았다. 그러다 아이를 낳고 변한 것이다. 아이를 나처럼 자라게 하지 않겠다는 강한 열망이 나의 모든 것을 일으켜 세웠다. 기적이란 이런 걸 두고 이야기하는 것이다. 그리고 한 가지, 나를 붙들어주고 더 높이 일으켜 세운 시크릿이 있다.

어렸을 적 살던 친할머니 집에 위인전 한 질이 있었다. 놀잇감이 없어 심심했던 나는 정말 재미없다고 생각하면서도 그 책들을 뒤적였다. 그러다 한 두 권 빠져 읽게 되었다. 결국 그 전집을 다 읽었고 또다시 여러 번 읽었다. 그것밖에 놀 게 없었다. 그런데 그 책들에서 나도 모르게 영향을 받았다. 힘든 상황 속에서도 긍정적이고 노력하는 삶을 살게 된 것이다. 힘든 시기를 이겨내고 우뚝 선 위인들처럼.

나는 잘되면 어려운 환경의 아이들에게 위인전 한 질 기부하기 운동을 벌이고 싶다. 어려운 환경의 아이들은 롤 모델이 절실히 필요하다. 부모도 선생님도 롤 모델이 되지 못하는 경우가 많다. 내가 그랬다. 나는 평생 좋은 선생님에 대한 갈망이 있었다. 그나마 좋았던 고등학교 2학년 때 선생님은 졸업하고 얼마 안 있어 떡을 드시다 돌아가셨다.

내 갈증을 채우기 위해 책을 읽었다. 책을 읽을 때 저자와 나는 강하게 연결되었다. 내가 그걸 원했기 때문이다. 위인전을 읽을 때도 주인공에 깊이 심취했다. 삶에서 도망가고 싶을 때 그들은 나에게 이 시련이 언젠가 나에게 빛이 될 것이라 말했다.

그래서 나는 오늘도 아이들에게 책을 읽어준다. 내가 책을 읽어줄 때 아이들은 또 다른 세상과 연결된다. 나는 내가 완벽하지 않은 걸 안다. 하지만 아이들은 잘 자라날 것이다. 책의 주인공이나 저자가 롤 모델이 되어줄 거니까. 나에게 그랬던 것처럼.

부모도 책으로 성장한다

아이에게 책을 읽어주다 보면 부모도 책을 읽게 된다. 평생 책을 읽지 않았어도 아이를 위해 자기 전에 책을 읽어주려 노력을 기울이는 게 부모다. 자연스럽게 부모도 책 읽는 습관이 생긴다. 요즘은 그림책도 너무 좋은 것들이 많다. 그림 퀄리티 높고 내용도 다양하다. 이런 독서 경험을 이어 아이를 재우고 책을 읽어야 한다. 배움을 계속하면 아이를 키워도 세상에서 뒤쳐지지 않는다. 또한 책을 읽는 부모를 둔 아이는 자연스레 책을 좋아하게 된다.

『나는 매일 도서관에 가는 엄마입니다』의 이혜진은 책 읽는 엄마는 아이들에게 선한 영향력을 끼친다 말한다. 그녀는 아이를 낳고 집에만 있을 때 사회에서 도태된 것 같아 두려웠다. 퇴보하는 것처럼 느껴졌고 육아에도 부정적인 영향을 끼쳤다. 그런데 책을 읽고 도서관에서 수업을 들으며 그녀는 달라졌다. 책은 더 나은 엄마가 되는 길을 알려주었다. 또한 새로운 세상에서 아이 양육의 큰 그림을 그리게 됐다. 그녀는 정원을 가꾸듯 집 책장을 돌본다. 책은 지식 전달의 도구를 넘어 엄마가 전하던 바람, 사랑, 가치 그리고 함께하는 시간이다. 그녀는 전한다.

"눈빛만 봐도 통하던 우리 사이에 대화가 사라지고 서로의 마음에 생채기를 내며 다투는 날이 오더라도 책 한 권을 사이에 두고 다시금 도란도란 이야기를 나눌 수 있기를 나는 간절히 소망한다."

어떤 예민한 아이들은 책을 굉장히 좋아한다. 따로 공들이지 않아도 쉽게 책에 관심을 가진다. 이런 아이들은 문자도 일찍 뗀다. 그런데 어떤 예민한 아이들은 책을 거들떠도 안 본다. 한 자리에 앉아 책을 읽는 것조차 어렵다. 아이가 책에 관심을 가지게 하려면 온갖 유혹을 해야 한다. 이처럼 예민한 아이의 책에 대한 반응은 극과 극이다.

책을 좋아하는 케이스라면 오히려 관리를 잘 해야 한다. 아이가 하루 종일 집에서만 책을 읽으면 눈이 나빠지고 사회 생활 시간이 줄어든다. 매일 일정 시간 나가 산책하고, 부모와 눈을 마주치고 상호 작용하며, 또래를 만나 노는 습관을 가져야 한다. 예를 들어 하루 두 시간 햇빛에 노출되어야 시력이 나빠지지 않는다.

　그리고 책을 좋아하지 않는 케이스라면 아이의 좋아하는 활동에 깨알같이 책을 연결해야 한다. 아이가 차에 꽂혀 있으면 차와 관련된 책을 구비한다. 아이가 놀이터에만 나가 놀려고 하면 놀이터에서 노는 이야기를 담은 책을 가져온다. 아이의 관심사가 달아나기 전에 재밌고 가볍게 읽고 끝내는 것도 좋다.

　아이와 책 읽는 시간은 특별하다. 함께 이야기 나누는 시간이다. 아이의 생각과 관심사를 알게 된다. 아이가 좋아하는 책을 발굴하다 보면 아이를 더욱 잘 알게 된다. 아이가 뭘 좋아할까 연구하는 시간이 늘어나면 늘어날수록 엄마의 감도 높아진다. 책을 읽으면 예민한 아이 육아가 더욱 깊어진다. 아이의 재능도 더욱 자극된다. 무엇보다 좋은 것은 선행 학습이나 학원 보낼 시간을 줄여 아이의 스트레스를 낮출 수 있다는 것이다. 공부 잘하는 아이가 되는 것은 덤이다. 그리고 어떤 힘든 상황에도 방법을 찾아 딛고 일어날 삶의 노하우가 된다. 두말할 것 없이 책을 좋아하는 아이로 키우자.

04
......

예민한 아이의
빛나는 잠재력에
집중하라

"상대방을 현재의 모습 그대로 대하면 그 사람은 현재에 머물 것이다. 그러나 상대방을 잠재 능력대로 대해주면 그는 그대로 성취할 것이다." - 괴테

예민한 특성은 장점과 단점을 모두 가졌다. 단점인 특성이 장점이 될 수 있는 것이다. 예를 들어 하루 종일 엄마랑만 놀려 해서 힘들다면 그건 사람을 좋아하고 상호 작용을 즐기는 특성이 된다. 아이의 사람을 좋아하는 특성을 귀하게 여겨보자. 그러면 부모는 이 어려움을 어떻게 해결할지 방법을 찾게 된다. 아이에게 좋은 사람들을 붙여 보다 즐거운 상호 작용을 할 기회를 주게 되는 것이다. 그럼 엄마랑만 놀려고 하는 어려움도 사라진다. 이처럼 아이의 잠재력에 집중하면 아이의 문제 행동은 축소된다.

아이의 모든 행동이 장애로 보일 때가 있었다. 한참 발달 장애에 심취해서 읽고 또 읽었다. 사례를 샅샅이 뒤지고 모든 책들을 다 읽었다. 그러자 내 육아가 피폐해졌다. 아이가 발달 장애 같은 행동을 하면 그 행동이 마치 당장 제거해야 할 바퀴벌레처럼 느껴졌다. 나는 아이를 온전히 사랑할 수가 없었다. 아이의 어떤 부분을 문제라고 생각한다면, 그것이 대체 아이를 존재만으로 사랑하는 것이 맞나? 철학적인 질문에 고취되었다.

그러다 영재 관련 책을 읽었다. 똑같은 행동인데도 영재 책에서는 그 행동을 영재성이라 말했다. 잘 보듬어 다양하게 연결시켜주라고 조언했다. 혼란스러웠다. 예를 들면 아이가 하나에 강하게 꽂히고 사회를 차단하는 성향을 자폐 책에서는 제거해야 할 문제 행동이라며, 아이가 꽂힌 대상을 당장 치우라고 이야기했다. 그런데 영재 책에서는 똑같은 성향을 긍정적으로 잘 풀어내주라고 이야기했다. 그 특성은 영재성이며 그로 인해 아이가 더욱 발전할 것이라 말했다.

나는 선택해야 했다. 내 아이를 문제로 보고 고치는 것에 집중할 것인가, 아니면 영재성으로 보고 이 특성을 살려야 할 것인가. 나는 후자를 선택했다. 엄청난 용기가 필요했다.

결과부터 말씀드리면 나의 선택은 옳았다. 고양이에 꽂혀 이 세상 아무 것에도 관심이 없던 첫째는 고양이를 매개로 사회에 적응했다. 사람 인형을 거부했는데, 고양이 옷을 입은 인형을 시작으로 인형 놀이를 하기 시작했다. 외출을 거부했는데, 고양이를 찾으러 가자고 하니 스스로 신발을 신었다. 걷는 것을 힘들어했는데, 고양이 카페에 가려면 걸어야 한다고 말하니 걸으려고 노력했다.

하나에 꽂히는 이 특성은 몰입력 강한 면모로 승화되었다. 제대로 꽂히고 신명나게 노는 영재스러운 아이가 되었다. 내가 아이를 영재로 보자 아이는 내 기대에 맞게 성장하였다. 내 주변 사람들도 내 육아에 영향을 받았으며 다들 영재스러운 아이로 자랐다. 아이들을 볼 때 참 뿌듯하다. 이런 부모와 아이들이 있어 이 세상의 앞날이 밝다.

아이가 꽂힌 것을 다양한 것으로 연결해주는 것이 좋다. 아이와 관심사를 공유해야 한다. 오늘부터 나는 아이가 꽂힌 것을 좋아하는 사람이다. 나는 처음에 첫째가 좋아하는 고양이가 싫었다. 나는 강아지를 좋아했지만 고양이는 생소했다. 하지만 아이가 너무 좋아하니까 매일 되뇌었다. 나는 고양이를 좋아한다, 좋아한다, 좋아한다. 그러자 나는 어느 날부터 고양이를 사랑하게 되었다.

아이가 꽂힌 것을 억지로 다양하게 연결시키려 하지 말자. 부모가 같이 좋아하면 여기서 뭐가 재밌을지 저절로 아이디어를 내게 된다. 아이와 같이 나도 노는 것이다. 작은 관점의 변화로 큰 차이를 누리는 것이다.

영국 임상 심리학자이자 가족 심리치료사 앤드류 풀러는 『별난 아이가 특별한 어른이 된다』에서 별난 아이는 미래를 움직이고 뒤흔든다고 말한다. 그는 이런 아이의 숨겨진 잠재력을 끌어내는 방법을 전수한다. 그에 의하면 별난 아이들은 자기 마음을 잘 안다. 자신이 시작한 것을 완수할 힘을 지녔다. 그들은 끈기가 부족하거가 우유부단한 성격이 절대 아니다. 역사적으로 위대한 인물들은 대부분 어렸을 때부터 남달랐다.

이런 아이를 키우려면 부모는 그냥 친구가 아닌 엄격한 친구가 되어야 한다. 여기서 말하는 '엄격한 친구'란 서로의 관계를 끊을 수 없다고 말하는 사람, 항상 아이 편인 사람, 그리고 아이가 이따금 저지르는 패악을 그냥 넘기지 않는 사람이다. 아이에게 스트레스를 잔뜩 받을 테지만, 그들을 양육하며 많은 것을 배우게 될 것이라고 그는 조언한다.

"별난 아이는 자신의 개성을 희생하더라도 일단 어디에든 들어가려는 욕구가 강하다. 차이를 키워주는 부모, 즉 독창성을 칭찬하면서도 사회적으로 성공할 수 있는 기술을 가르쳐주는 부모는 아이가 타고난 강점과 재능을 잃어버리지 않도록 돕는다. 아이의 고유함을 간직하고 키워주는 부모는 자기 모습 그대로 있어도 된다며 아이를 안심시켜준다. 별난 아이는 어디가 고장 난 게 아니므로 고칠 필요가 없다. 하지만 타고난 강점을 발휘할 방법을 익히고, 세상과 소통할 다양한 방식을 배워야 한다. 그들은 거칠고 험한 세상에서 크게 번창할 방법을 배울 필요가 있다. 그 방법을 가르쳐 줄 사람이 바로 부모이다."

결국 관점의 차이다

아이의 유별난 특성이 장점이 된다고 믿기 힘들 수도 있다. 사실 나를 힘들게 하면 문제로 보이는 것이 일반적이다. 그런데 영재 아이들도 비슷한 특성을 공유한다. 부모들은 이렇게 힘든 기질이 영재성이어서 그렇다고 하면 아이에게 너무 미안해한다. 실제 웩슬러 지능 검사를 받고 IQ가 높게 나오면 당장 나부터 바꿔야겠다고 이야기하는 부모들을 봤다. 당장 어제까지도 정상 맞느냐고 했던 말들은 쏙 들어간다. 결국 관점의 차이다. 영재뿐만 아니라 발달 장애를 겪고 있다고 하더라도 솔루션은 같다.

서울대학교 인지과학 박사 이슬기는 『산만한 아이의 특별한 잠재력』에서 잠재력에 집중하면 문제아가 사라진다고 이야기한다. 어딜 가나 눈에 띄고, 가끔은 눈총을 받기도 하는 산만한 아이. 이런 아이들은 유목민 부족에서 그룹의 리더로 강력한 지지를 받는 유전자를 보유하고 있다. 왕성한 호기심과 지칠 줄 모르는 에너지로 탁월한 능력을 발휘한다. 또한 많은 연구는 이런 아이들이 창의적인 재능을 가지고 있다고 이야기한다. ADHD, 난독증, 아스퍼거 등의 신경다양성 인재를 발굴해 혁신을 이뤄내는 것은 세계적인 기업의 새로운 생존 방식이다.

아이의 독특한 행동은 고쳐야 할 것이 아니라 다뤄야 할 것이다. 아이의 특성을 알면 충분히 잠재력이 있는 환경을 만들어줄 수 있다. 어떤 환경과 교육을 접하느냐에 따라 아이는 다양한 잠재력을 발휘할 수 있게 된다. 중요한 것은 부모의 믿음과 사랑이다. 아이의 특성을 수용하고, 지도하며, 칭찬해야 한다. 부모의 사랑보다 효과적인 치료법은 어디에도 없다고 그녀는 이야기한다.

예민한 아이는 기질별로 다른 잠재력을 보인다. 내향적인 아이는 '숫기 없다', '소극적이다' 같은 부정적인 말을 듣기 쉽다. 하지만 이 아이들은 돌다리도 두드려보고 건넌다. 말보다 글이나 그림으로 표현하는 데 재주가 많다. 평등한 리더십으로 현 사회가 요구하는 리더가 된다. 산만한 아이는 집중력이 부족하다는 말을 듣기 쉽다. 숙제 하나 하는 데도 하루 종일 걸리고 부모가 일일이 챙겨야 한다. 하지만 좋아하는 것이 생기면 무섭게 돌진한다. 창의력이 높다. 부모에게만 매달리는 아이는 사회성이 떨어져 보인다. 하지만 이 아이들은 상호 작용을 좋아한다. 상호 작용을 좋아해서 많은 사람들과 관계를 형성하게 된다. 도대체 포기할 줄 모르는 아이는 한계라는 걸 모른다. 하지만 이 아이들은 끈기와 부지런함으로 원하는 것을 크게 이룬다. 잠재력에 집중하라. 그러면 다른 것은 작아진다.

그리고 한 가지 중요한 것이 있다. 잠재력에'만' 집중하지는 말라는 것이다. 아이를 진정으로 사랑하려면 단점과 장점을 모두 수용해야 한다. 잠재력에 집중하라는 것은 이처럼 단점을 수용한 다음에 하는 것이다. 그러면 아이는 존재 자체로 사랑받는다. 자신에 특성에 대한 긍정적인 마음을 가지고 나아간다. 그리고 어떻게 살아가야 할지 배우게 된다. 괴테는 예민한 아이를 보며 이렇게 말할 것이다. "예민한 아이를 잠재 능력대로 대하라. 그럼 예민한 아이는 그대로 성취할 것이다."라고.

따뜻하게 무심하라

따뜻하게 무심하라. 츤데레가 생각난다. '츤데레'는 애니메이션에서 자주 묘사되는 주인공의 특징이다. 겉으로는 쌀쌀맞지만 속으로는 좋아하는 것을 말한다. 부모에게 이런 츤데레가 되라니. 사실 이 말에는 엄청난 의미가 내포되어 있다. 따뜻함과 무심함은 얼핏 반대되는 느낌이기 때문이다. 대체 어떻게 따뜻하게 무심하라는 걸까? 이를 알기 위해 먼저 과도하게 개입해서 아이를 망친 사례를 알아보자.

전두엽 발달의 열쇠는 티칭 아닌 코칭이다

이유남 교수는 『엄마 반성문』에서 밀접한 티칭으로 아이의 행복을 앗고 결국 땅을 친 본인의 사례를 전한다. 맡은 학급마다 일등, 교사를 가르치는 교사, 교장 선생님으로 교육계 성공 가도를 달리던 이유남 교수는 아이들을 엄마가 아닌 선생님으로서 키웠다. 그것도 엄격한 선생님으로.

엄마 가이드라인대로 자란 전교 일등 및 임원으로 우등생이던 아이 둘 다 고등학교 때 학교를 자퇴하고 둘째 딸은 급기야 자살 소동을 일으켰다. 엄마는 몇 번 쓰러져 실려 갔다. 실려 가면서도 아들에게 욕을 들었다. 허나 이런 일들이 현 대한민국에 비일비재한 일이란다. 알고 보니 저자도 그럴 법한 환경에서 자랐고, 또한 나름대로는 자식을 위해 한 행동이었다. 다른 사람들은 같은 실수를 하지 않길 바란다고 그녀는 이야기한다. 이는 불행한 아이를 더 만들지 말아달라는 딸과의 약속 때문이다.

이유남 교수는 자신은 부모가 아니라 감시자였다고 고백한다. 아이를 다시 살린 건 인정, 존중, 지지, 그리고 칭찬이었다. 사춘기를 대비할 아이 전두엽 발달의 열쇠는 '티칭'이 아닌 '코칭'이라고 그녀는 강조한다. 코치는 해결책을 제시하거나 찾아주지 않는다. 일방적으로 상대를 끌고 가지 않는다. 스스로 답을 찾도록 도움을 주는 존재다. 또한 코치는 상대에게 문제가 있다고 생각하지 않는다. 조금만 지지하면 잠재능력을 발휘할 거라 믿는다. 코칭은 미래를 본다. 지지를 바탕으로 한다.

물론 티칭도 중요하다. 앞서 이야기한 것처럼 아이와의 대화에서 20프로는 아이에게 가치관을 전하는 대화여야 한다. 감정 코칭의 5단계에서도 마지막 단계는 아이의 행동을 제한하고 스스로 하도록 유도하는 단계다. 거기서 부모는 아이를 가르칠 수밖에 없다. 하지만 티칭이 20이라면 코칭은 80이어야 한다. 아이를 이해해주는 대화가 주여야 하는 것이다. 이해하는 대화에는 기질적 행동 수용과 긍정적인 시선이 포함되어야 한다.

그런데 만약 부모가 이렇게 이해하는 대화를 하지 않고 아이에게 일일이 개입한다면, 거기에는 어떤 부모의 심리적 배경이 있을까?

과잉의 원인은 불안이다

킴 존 페인 박사는 부모의 불안을 이야기한다. 워싱턴 DC 30년 교육 전문가 킴 존 페인은 『내 아이를 망치는 과잉육아』를 통해 과잉은 결핍과 비슷한 스트레스 증상을 보인다고 말한다.

저자는 자카르타 난민캠프에서 자원봉사를 할 때 불편, 질병, 두려움으로 점철된 환경의 아이들과 지냈다. 아이들은 강박 증상이 있었으며 초조하고 불안해했다. 이후 런던에서 아이들을 상담했는데, 진료실에 오는 아이들은 정반대의 환경에 있음에도 난민캠프 아이들과 증상이 비슷했다. 결국 자신은 똑같은 치료를 하고 있었다.

그는 그 원인을 스트레스 누적 반응, 즉 복합성 외상 후 스트레스 장애로 이야기한다. 그에 의하면 뒤쳐질까 두려운 경쟁 사회에서 부모는 헬리콥터 맘이 된다. 하지만 부모는 헬리콥터가 아닌 베이스캠프가 되어야 한다고 그는 말한다.

"현대 부모를 묘사하는 이미지가 헬리콥터라면 그 헬리콥터의 연료는 불안감과 경쟁에 대한 압박이다. 육아와 교육, 심지어 아동기 자체도 경쟁이 되었다. 부모들은 자의나 타의에 의해 자녀들이 더 많이 성취하고 더 빨리 더 높이 올라갈 수 있도록 도와주어야 한다는 압력에 시달린다."

장난감 과잉 속에서 아이는 스스로 놀잇감을 찾아 만들어 노는 능력을 잃어버린다. 과잉 물건으로 해결하는 부모는 그만큼의 정서적인 지지나 스킨십을 하지 않을 수 있다. 자극에 대한 반응이 민감한 예민한 아이는 더욱 부작용을 크게 겪는다. 감각적으로 과도한 자극에 매일 노출되면 아이의 뇌는 과부하가 걸릴 수 있다.

부모가 아이에게 무심해지려면 많은 노력이 필요하다. 요즘 더욱 그렇다. 외동아이를 키우는 가정이 많다. 새로운 위험이 많은 세상이다. 의식주가 어렵지 않은데 부모의 에너지는 많다. 그러니 그 에너지를 아이에게로 몽땅 쏟는다.

물론 아이가 어릴 때는 부모의 열정을 고스란히 쏟아도 괜찮다. 그것이 정서적인 것이라면 아이들도 간절히 원하기 때문이다. 그런데 거꾸로인 경우가 많다. 아이가 부모의 사랑을 필요로 하는 어릴 때는 멀리 있다가, 어느 정도 자라 아이가 원하지 않을 때 가까이 하는 것이다. 육아는 타이밍이다. 또한 사랑에 대한 방법론이다. '아이가 원하는' 사랑을 주어야 한다.

그래서 무심하라는 것은 아이가 원치 않는 것을 주지 않도록 노력을 기울이라는 이야기다. 특히 세 돌 이후의 아이들에게 해당된다. 아이들은 점점 더 부모와 거리를 두기 원한다. 또래 경험과 사회 생활을 필요로 한다. 이럴 땐 부모가 빠져 주어야 한다. 무심하라.

그런데 여기서 따뜻하다는 건 뭘까. 무심이 외면이나 방치가 아니라는 뜻이다. 부모는 너무나 아이를 사랑하고, 뭔가 해주고 싶고, 당장이라도 물고 빨고 싶지만, 그 마음을 안으로 삼켜 아이의 발달에 맞는 사랑을 줘야 한다. 그리고 그 마음을 안으로 삼켜 그 에너지로 더욱 나를 성장시켜야 한다. 내 아이가 살길 바라는 삶을 살아내는 모습을 보여줘야 한다. 아이가 크면 아이에게 필요한 것은 롤 모델이다. 닮고 싶은 부모다. 아이를 사랑하는 만큼 아이의 성장에 발맞추어 부모는 점점 따뜻하게 무심해진다. 배려 깊은 성숙한 사랑을 하게 된다.

세 돌 그리고 초등 이후의 아이들에게 더욱 해당되지만 영유아기의 아이들에게도 해당되는 이야기일 수 있다. 아이와 함께 놀이를 하다가 몰입이 시작되면 부모는 슬쩍 빠져주어야 한다. 사회성과 발달에 방해되지 않는 선에서 아이는 몰입 경험을 누릴 자격이 있다. 이는 혼자 노는 방법을 배우는 초석이 되기도 한다.

예민한 아이들 중 혼자 놀지 못하는 아이들이 많다. 혼자 놀지 못하는 아이에 대한 솔루션도 몰입 놀이로 유도하는 것이다. 몰입 상태에서는 능력이 극대화되고 자신의 부족한 부분을 잘하는 것에 끌어올려 사용한다.

나는 아이의 자기 주도적인 놀이를 권장한다. 몰입 놀이를 지지한다는 뜻이다. 나도 같이 놀이할 때가 있다. 아이가 어렸을 때는 특히 그랬다. 첫째의 만 3년을 내내 아이와 놀았다. 첫째는 혼자 놀지 못했다. 놀이 확장이 되지 않고 반복했다. 엄마에게만 매달리니 너무 힘들어 전문가에게 상담을 받았다. 이런 경우 엄마가 쉴 방법은 몰입밖에 없단다. 몰입 놀이로 이끌라는 조언을 받았다.

그런데 아이가 쉽게 몰입하지 않았다. 그래서 내가 붙어 아이가 즐거운 마음이 생기도록 유도했다. 그렇게 놀다가 너무 재밌으면 어느 순간 아이가 몰입에 빠질 때가 있었다. 몰입에 빠져 처음 5분 정도 혼자 놀았을 때 얼마나 놀랐는지 모른다. 나의 첫 휴식이 깨질까봐 숨도 못 쉬었다.

더욱 놀란 것은 그때 아이가 만들어낸 결과물이었다. 첫째는 블록으로 근사한 성을 창작했다. 혼자 놀지 못하던 아이가 발달보다 빠른 수준의 결과물을 혼자 만들어내다니. 이 방법이 맞다는 생각이 들었다.

이렇게 저렇게 해보니 새로운 것을 접하면 아이의 몰입력이 더욱 올라간다는 것을 알았다. 새로운 것을 발견한 뇌는 도파민으로 충만해진다. 도파민이 부족하면 힘들어지는 자극 추구 기질의 아이들에게 더욱 중요하다. 그런데 건강한 몰입이어야 했다.

완성된 장난감이나 미디어는 아이를 건강한 몰입으로 이끌기 어려웠다. 그래서 다양한 걸 만들 수 있는 재료를 조달했다. 만들기를 좋아하는 아이여서 마트나 문구점에 가 매일 하나씩 소소한 재료를 골랐다. 그러면 집에 와서 신나게 놀기 시작한다.

처음에는 나와 함께 놀다가 그게 하루, 이틀, 수 일이 지나니 어느 순간 아이의 몰입이 시작되었다. 아이는 갑자기 빠져 혼자 꽁냥꽁냥 무언가를 만들었다. 처음에는 5분으로 시작된 것이 여섯 살인 현재는 두 시간까지도 몰입한다. 문 닫고 혼자 논다. 육아 천국이다. 혼자 놀지 못하던 아이라 이 기쁨이 더욱 크다.

물론 이러한 몰입 놀이가 사회성이나 발달을 차단할 정도라면 안 될 것이다. 우리 아이들은 매일 아침저녁으로 산책한다. 또한 매일 놀이터에서 몇 시간씩 아이들과 어울려 논다. 매일 햇빛 샤워를 한다. 발달을 잘 유지하는 기본적인 생활 습관을 유지하며 몰입 놀이를 즐겨야 한다.

첫째는 후에 매미에 꽂혔다. 아이는 매미를 잡으러 다니다가, 매미 책을 독파하고, 매미 노래를 만들어 불렀으며, 매미 놀이를 만들어 아이들에게 전파했다. 아이가 유치원 아이들에게 이를 전파해 다 같이 매미 놀이를 하고 온 날, 들뜬 모습을 잊지 못한다. 이렇게 아이를 자기 주도적인 사이클로 이끈 것은 따뜻하고 무심한 나의 몰입 유도 방식이었다.

따뜻한 무심함은 수많은 육아 상황에도 적용할 수 있다. 아이가 떼쓸 때 즉각 반응하는 것이 아니라 여유 있게 접근하는 것이다. 아이가 자다 깼을 때도 천천히 다가가면 된다. 이러한 여유는 믿음에서 나온다. 아이가 스스로 진정할 능력이 있다는 믿음, 그리고 스스로 다시 잠들 날이 올 것인데 그게 언제가 될지 모르니 준비하겠다는 믿음이다.

　그런데 반대로 즉각 반응해야 할 때도 있다. 예를 들어 아이가 뜨거운 물에 데었다면 어떤 엄마도 여유 있게 반응하지 않을 것이다. 마찬가지로 아이가 불안해하는 상황에서는 바로 반응해주는 것이 맞다.

　불안인지 아닌지 어떻게 구분할까? 불안한 아이들은 얼굴이 일그러지며 울음을 터뜨린다. 엄마의 눈을 간절히 쳐다보며 도움을 청한다. 눈물을 펑펑 쏟는다. 머리로 이해하지 않아도 아이를 보면 가슴으로 알 수 있다. 아이를 오래 지켜본 부모라면 말이다.

　적절한 타이밍에 아이가 원하는 사랑을 주자. 현대 사회는 부모가 그리 하기 어렵게 만든다. 이례 없이 물질적으로 풍요로운 세상이다. 사람들은 노동에서 해방된다. 갈 곳 없는 에너지를 아이에게 쏟지 말자. 또한 이렇게 급변하는 세상에서 불안으로 아이를 잡지 말자. 예민한 아이들은 누구보다 이런 과잉 육아에 민감히 반응한다. 중도를 지키자. 적정선을 유지하는 것. 그것은 나 자신을 알고 또한 상대를 배려할 때 가능하다. 가슴으로, 사랑으로 가능해진다.

혼자 놀지 않아서 너무 힘들어요.

혼자 놀지 못하는 아이라면 먼저 아이의 불안을 점검해보세요. 불안도가 높은 아이인지, 판별할 수 있는 가장 쉬운 방법은 감각이 과민하고 잠을 잘 자지 못하는지 보는 것입니다. 만약 그렇다면 세상에 하나씩 적응해나가야 합니다. 그러면 불안이라는 불이 꺼지며 아이는 차츰 혼자 놀 줄 알게 됩니다. 그 다음은 아이가 그저 같이 노는 걸 좋아하는 아이인지 확인해보세요. 상호 작용을 너무 좋아하고, 끊임없이 함께 하는 걸 원하는 사회적 민감도가 높은 아이. 이런 경우라면 주 양육자를 넘어 상호 작용할 어른이나 또래를 붙여주는 것이 좋습니다. 아이에게 맞는 상대를 찾는 눈이 중요합니다.

마지막으로 드릴 조언은 아이를 몰입으로 유도하라는 것입니다. 몰입하는 아이는 능력이 극대화되며 전두엽이 자랍니다. 아이의 불균형이 몰입의 힘으로 해소됩니다. 아이를 몰입으로 유도하기 위해 엄마의 치고 빠지기 센스가 중요합니다. 아이가 혼자 잘 못 놀 땐 살짝 리드하며 같이 놀아주다가, 아이가 너무 재밌어서 빠져 혼자 꽁냥꽁냥 놀면 쓱 빠지는 것입니다. 아이가 좋아하는 것으로 꾸준히 유인하여 아이의 컨디션을 올려주는 것도 중요합니다.

06

자주
애정과 관심을
표현하라

이 세상에 아이를 사랑하지 않는 부모는 없다. 물론 정말 상종 못 할 예외가 있겠지만 보통 그렇다. 그런데 그 사랑을 표현할 줄 아느냐는 별개의 문제다. 모든 부모가 사랑을 잘 표현할 줄 아는 것은 아니다. 특히 동양 문화가 그렇다. 눈을 잘 맞추지 않는다. 적극적인 사랑 표현을 부담스러워한다. 사람들이 많은 곳에서는 시선을 의식한다. 하지만 우리나라 사람들이 잘하는 것은 스킨십이다. 아이는 업혀 자란다. 잠을 잘 못 자도 안아 달래주는 경우가 많았다. 나는 '사랑해.'라는 말을 들어본 적도 없고 할 줄도 몰랐다. 눈 맞춤은 더더욱 그랬다.

사랑에는 기술이 있다

나는 사람들의 눈을 바라보지 못했다. 사람들의 입을 보고 말했다. 사람들이 내 눈을 보는지 안 보는지는 몰랐다. 왜냐하면 나는 눈을 보지 않으니까. 그런데 이런 이야기를 하자 내 동생이 이렇게 대답했다. 자기는 코를 보고 이야기한다고. 둘이 같이 깔깔 웃었다.

그나마 한국에 있는 나는 괜찮다. 한국 사람들은 눈을 똑바로 쳐다보고 이야기하면 싸우자는 뜻으로 오해하기 때문이다. 하지만 미국에 있는 내 동생은 눈을 똑바로 바라보지 못해 불이익을 겪었다고 말했다. 미국 사람들에게 눈을 보지 못하는 것은 죄책감을 가진 사람들이 하는 행동이었다. 자신감 떨어지는 사람들의 특징이었다. 여전히 눈을 잘 보지 못하는 나는 한국에 있어 다행이라는 생각이 들었다.

그런데 아이를 키우면서 눈을 보지 못하는 나의 행동을 개선해야 한다는 것을 알았다. 아이의 눈을 보고 이야기하란다. 아이와 눈을 맞추란다.

'이런! 나는 눈을 못 보는데.'

일단 무작정 해보았다. 아이의 눈을 바라보았다. 뚫어지게, 주구장창. 아이는 내 눈을 피했다. 내가 너무 뚫어지게 봐서 그런 것 같았다. 얼마나 부담스러웠으면 피했을까? 나의 눈 보는 실력은 연마가 필요했다.

계속 연습하다 사람들이 말할 때 눈동자가 미세하게 흔들린다는 사실을 알게 되었다. 그래서 눈을 볼 줄 안다는 것은 사실 눈을 뚫어지게 보는 것이 아니라 초점을 맞추어 눈동자의 흔들림에 눈이 따라 움직이는 것이다. 엄청나다.

첫째와 연습해서인지 둘째를 낳고서는 눈을 제대로 볼 줄 알게 되었다. 둘째는 내 눈을 자주 응시한다. 나도 둘째가 나를 쳐다볼 때 아이의 눈동자에 초점을 맞춘다. 전기가 찌리릿 통하는 느낌이 든다. '아, 이래서 눈을 맞추는구나.' 하고 깨닫게 되었다.

눈을 보고 이야기하면 훈육이 쉬워진다. 아이가 말을 듣지 않을 때 내 눈을 피한다는 사실을 알게 되었다. 나에게 기분이 나쁠 때도 마찬가지였다. 가끔 나를 똑바로 쳐다보며 엄마 말을 듣지 않겠다고 선포할 때가 있다. 뭐가 됐든 눈을 보고 이야기한다는 것은 강하게 소통하겠다는 의미다. 아이에게 훈육할 때 눈을 똑바로 보면 아이는 이미 내 마음을 이해한 듯 행동했다. 그러고 잠시 후에 진정성 있게 이야기하면 되었다.

예민한 아이 육아법

눈을 맞추지 못하고 피하거나 이리저리 산만하면 나에게 주의 집중하도록 유도했다. "여기 봐."라며 아이와 내 눈 사이에 손가락을 들어 집중시켰다. 그래도 집중하지 못하면 손가락에 손가락을 부딪쳐 딱 소리를 내었다. 그다음 손가락을 치우고 아이의 눈을 보면 거의 나의 눈을 바라보게 하는 데 성공한다. 이 단계까지 오면 아이는 내 말을 들을 준비가 된 것이다. 눈 맞춤을 할 줄 알게 되자 육아가 정말 수월해졌다.

사랑에는 기술이 있다. 자연스럽게 발전하는 관계에는 과학이 있다. 아이와의 끈끈한 애착에 이르는 길도 마찬가지다. 사랑은 말로만 표현하는 것이 아니다. 먼저 거리다. 거리가 가까워져야 한다. 신체적 거리와 심리적 거리 둘 다 포함된다. 그리고 신체적인 표현이다. 스킨십뿐만 아니라 눈 맞춤도 포함된다. 사랑이 형성되면 언어가 깊어진다. 진짜 사랑의 말이 나온다. 그런데 조급하면 아무런 교류 없다 갑자기 사랑을 표현하고 요구하게 된다. 이러면 도망가고 싶은 것이 사람 심리다.

심리학자 고든 뉴펠더는 애착의 6단계를 설명한다. 이는 아이가 앞으로 살아가면서 겪을 모든 관계의 기초다. 첫 번째는 근접성 단계이다. 아이가 부모를 간절히 원할 때가 바로 이때이다. 안아달라거나 붙어 있는 것은 부모와 결속되고 싶은 아이의 기본적인 욕구다. 두 번째는 동일성 단계이다. 이때는 같은 것에 즐거움을 느끼며 애착이 강화된다. 아이와 부모의 관심사가 다르다면 뭔가 통하는 것을 찾아내는 것이 좋다. 세 번째는 소속감·충성 단계다. 부모가 절대적으로 내 편임을 확인하는 단계다. 네 번째는 존재의 중요성 단계다. 부모가 가까이 있지 않아도 아이는 부모와 단단히 연결되어 있음을 느낀다. 부모에게 아이가 있는 모습 그대로 세상 하나뿐인 특별한 존재임을 보여주면 이 단계는 강화된다. 앞서 세 단계가 탄탄해야 함은 기본이다. 다섯 번째는 애정의 단계다. 이는 애착이 한창 깊어지는 단계다. 사랑 표현에 인색하지 말자. 마지막 여섯 번째는 자신을 알리기 단계다. 전 단계까지 성공적으로 애착이 형성되면 부모에게 자신의 비밀을 이야기하게 된다. 어려운 상황에 처하거나 도움이 필요할 때 부모의 의견을 필요로 한다.

꼭 아이의 애착 발달이 아니더라도 인간의 관계는 이러한 단계를 거쳐 성장한다. 『캡틴 부모』 수잔 스티펠만은 이렇게 설명한다.

"나이를 불문하고 모든 아이들은 그들의 삶에서 캡틴이 되는 인물과 안정된 애착 관계가 필요하다."

아이와 유대가 깊을수록 아이들에게 도움을 주는 관계가 된다는 것이다. 아이가 아동기를 거쳐 사춘기를 보낼 때 어렵고 힘든 시기를 아이들이 더 잘 헤쳐 나갈 수 있게 된다. 이 애착에 이르는 단계를 더 자세히 들여다 봐야 할 때가 있다. 그 자연스러운 일이 자연스럽게 되지 않을 때다. 아이와의 관계가 삐걱댄다면 어느 단계에 구멍이 뚫려 있는지 보자.

　단계별 유용한 팁은 다음과 같다. 근접성 단계에서는 아이와 함께 보내는 시간 늘리기, 둘만의 소풍 떠나기, 아이가 좋아하는 것을 가르쳐달라고 부탁하기 등의 방법이 있다. 동일성 단계에서는 두 사람이 공통으로 좋아하는 놀이하기, 공통으로 좋아하는 음식 먹기를 시도하는 것이 좋다. 소속감·충성 단계에서는 아이가 또래나 선생님과 갈등이 있을 때 아이 편임을 분명히 하고, 아이가 잘못된 행동을 한 경우 문제 행동은 제한하되 아이의 숨은 욕구를 간파해서 들어준다. 존재의 중요성 단계에서는 아이의 어릴 적 사진을 보며 추억 이야기하기, 아이의 태몽이나 작명 사연을 들려주기, 아이가 얼마나 소중한 존재인지 자주 이야기하기 등을 활용할 수 있다. 애정 단계에서는 아이에게 사랑한다고 자주 이야기하고, 아이의 애정 표현을 감사하며 충분히 즐기면 된다. 마지막 자신을 알리기 단계에서는 아이가 속마음 이야기를 하면 귀 기울여 듣고, 아이의 말을 끊거나 충고하지 말아야 한다.

스킨십과 눈 맞춤의 중요성

『최강의 육아』 저자이자 15년차 베테랑 육아 전문 기자 트레이시 커크로는 살을 맞대면 엄마도 아이도 행복해진다고 말한다. 그녀에 의하면 애정 어린 스킨십은 아이의 인지 발달과 정서 안정에 필수적이다. 스킨십은 아기의 스트레스 호르몬 수치를 크게 낮춘다. 커크로는 태어난 후 몇 달 동안 끊임없이 아기와 스킨십을 하라고 조언한다. 아이들은 엄마와 살을 맞대며 큰 안정감을 느낀다. 평소 피부와 피부를 직접 맞대며, 어디서든 몸을 밀착시키고, 하루 한 번 마사지를 해준다. 또한 아기가 안정감을 느낄 수 있도록 캥거루 케어를 하는 것도 좋다. 아이와 엄마를 교감하게 만들며 면역력에도 도움이 된다.

캥거루 케어는 원래 미숙아들에게 시도하는 스킨십 방법이다. 정서적으로 미숙한 불안도 높은 아이들에게도 도움이 될 것이다. 캥거루 케어를 한 미숙아는 인큐베이터에서 자란 미숙아에 비해 스트레스에 효율적으로 대처했고 수면 패턴이 일정했다. 또한 문제를 해결하고 전략을 실행하는 능력이 더 뛰어났다. 아이가 안정감을 느낄 수 있도록 맨살을 맞대며 스킨십을 하자.

사랑을 간직하지만 말고 표현하자. 여기서 표현이란 언어적인 것만을 이야기하지 않는다. 비언어적인 방식을 잘 활용하자. 이러한 사랑에는 단계가 있다. 보통 자연스럽게 애착 관계로 연결되지만 만약 아이와 사이가 삐걱거린다면 이 단계를 들여다볼 필요가 있다. 내가 어떤 사랑 표현을 하는지, 아이가 바라는 건 어느 단계인지 알면 방법이 보인다. 잘하고 있다면 스스로를 칭찬하고 아이의 사랑을 기꺼이 받아들이자. 부모와 아이의 사이는 더욱 돈독해질 것이다.

아이가 너무 말을 안 들어요.

말을 잘 듣지 않는다면 아이는 매우 정상으로 잘 자라고 있습니다. 부모 말을 너무 잘 듣는다면 오히려 이상하게 보아야 합니다. 아이는 독립된 인격체로 일찍이 부모에게서 정서적으로 독립합니다. 당연히 부모와 충돌할 수밖에 없습니다. 물론 끈끈한 애착으로 부모의 말을 너무나 신뢰하고 부모를 위하는 예민한 아이가 있을 수 있습니다. 하지만 그런 아이들도 성장기가 되면 돌변하여 말을 잘 듣지 않습니다. 부모는 리더로 그런 상황에도 아이를 지혜롭게 잘 이끌어나가야 합니다. 정해놓은 규칙에 대해 아이와 자주 토론하게 된다면 잘 되어간다는 증거입니다. 그런데 유독 잘 안 되고 있다면 아이와 관계를 점검하세요. 아이와 관계를 구축하는 좋은 방법은 시간을 공유하고 함께하는 것입니다.

07

통제하지 말고 훈육하라

우리 세대에는 사랑의 매가 있었다. 나는 학교 다닐 때 발바닥과 손바닥을 맞았던 것을 기억한다. 사실 사랑의 매였는지는 모르겠다. 아이들을 통제하고 벌을 주는 수단으로 어른들은 매를 들었다. 나는 집에서 정말 많이 맞고 자랐다. 아빠한테 심하게 밟혀서 허리를 다쳐 병원에 다닌 적도 있다.

나는 체벌을 극도로 혐오한다. 내가 맞아서 고통스러웠던 것, 그리고 억울한 것만 기억나서 그렇다. 나는 심한 케이스지만 얼마 전까지도 아이들은 훈육보다 통제로 키워졌다. 그런데 이제는 세상이 많이 바뀌었다. 그리고 수많은 연구들이 아이를 따뜻하게 훈육해야 한다고 말한다.

예민한 아이는 통제당하기 쉽다

유대인 대학살 당시 대중에 휩쓸리지 않고 유대인을 구해준 독일인들. 그들은 대체 어떤 차이가 있었기에 그럴 수 있었을까? 조사 결과 그들은 부모로부터 독특한 훈육을 받았다는 사실이 드러났다. 올리너 부부는 유대인을 구해준 사람들이 가장 좋아하는 단어는 '설명'이었다고 말한다. 유대인을 구해준 사람들의 부모들은 훈육할 때 논의와 설명, 방법 제시, 그리고 충고를 하였다고 한다.

『오리지널스』 애덤 그랜트는 '논의'를 두고 상대방을 존중한다는 메시지를 보내는 것이라 설명한다. 아이들이 몰라서 그랬을 것이라 생각하고 잘 알게 되도록 존중으로 지도한다. 또한 아이가 발전하고 나아질 능력이 있다고 믿는다. 그들은 훈육 시 논의를 21퍼센트 사용했다. 반면 유대인의 고통을 방관한 사람들의 부모는 논의의 방법을 겨우 6퍼센트 사용했다. 유대인을 구해준 독일인 중 한 여성은 부모님의 훈육 방식에 대해 이렇게 회상한다.

"내가 잘못을 할 때면 잘못을 지적해주기는 했지만, 절대로 벌을 주거나 마구 꾸짖지 않으셨다. 어머니는 내가 무슨 잘못을 했는지 이해하도록 하려고 애쓰셨다."

심리학자 테레서 에머빌은 이러한 이성적인 훈육 아래에서 아이들이 도덕적 가치를 준수한다고 말한다. 필요시 자기 의견을 말할 수 있는 독창적인 어른으로 성장한다. 이는 오은영 박사의 이야기와 일맥상통한다. 오 박사에 의하면 아이는 잘못을 용서받아야 하는 존재가 아니다. 아이의 미숙함에는 잘못이 없다. 모르는 것이 많으며 아직 연습하고 배우는 중이다. 언젠간 잘 해낼 거라는 믿음을 갖고 항상 가르쳐야 한다.

예민한 아이는 통제당하기 쉽다. 아이의 부정적인 감정이 어른을 괴롭게 하기 때문이다. 아이가 울고 떼를 쓰면 사람들은 힘들어한다. 어서 제거해야 할 문제 행동으로 생각한다. 아이를 긍정적으로 훈육하는 것은 상당한 인내를 필요로 한다. 그러한 아이의 울음과 화를 담담히 받아내고 소화시켜야 하기 때문이다. 웬만한 내공이 아니고서야 힘든 일이다.

특히 예민한 부모라면 더욱 어려울 수 있다. 우리 남편은 둘째의 울음 성량이 너무 커서 고통스러워했다. 타고나길 청각이 과민한 사람이었다. 특히 아이가 차에서 울면 운전을 제대로 하지 못했다. 덕분에 우리는 아이가 18개월 될 때까지 20분 이상 걸리는 거리를 이동하는 것은 꿈도 못 꿨다.

이처럼 아이의 격한 감정 표현은 부모의 예민한 감각을 자극하기 때문에 부모는 아이를 다루기 더욱 어려워진다. 아이의 부정적인 감정을 견뎌내는 데는 왕도가 없다. 훈련만이 답이다. 그럼에도 정신력으로 버티면 그 열매는 매우 달다.

통제 아닌 훈육으로 부모는 신뢰를 얻는다

아이들은 나에게 자기의 고민거리를 스스럼없이 이야기한다. 세워놓은 생활 규칙이 마음에 들지 않으면 구체적으로 왜 마음에 들지 않으며 어떻게 바꿨으면 좋겠는지 설명한다. 아이들은 나를 신뢰한다. 자신의 생각을 말해도 혼내거나 비난하지 않을 것을 안다. 속마음을 비추어 자신을 드러내 보인다. 너무나 감사하다. 아이들과 나와의 관계는 세상 둘도 없는 친밀한 관계다. 아이의 기질을 수용하니 가능했다. 아이의 장점과 단점을 모두 사랑하니 가능했다. 또한 아이의 문제 행동을 잘못이라 생각하지 않고 아이를 가르칠 좋은 기회라고 생각하고 접근하니 가능했다. 혹여나 실수하면 바로 사과했다. 하루를 넘기지 않고 자기 전에 꼭 미안한 것을 이야기했다. 아이 둘의 사이도 애틋하다. 이 세상 모든 것을 얻은 듯 기쁘다.

통제가 아닌 훈육을 하면 아이들은 부모를 신뢰하게 된다. 그러한 신뢰는 부모에 대한 사랑과 부모의 자연스러운 권위를 낳는다. 아이를 수용하자. 그리고 아이의 잘못을 통제하는 것이 아닌 훈육을 하자. 아이를 긍정적으로 대하자. 그러면 아이는 부모를 신뢰한다. 자연스레 권위가 생긴다. 그 권위는 두려움이나 공포에서 비롯된 것이 아니다. 믿음과 사랑에서 비롯되는 것이다. 그리고 그 과정을 이겨내면 나에게도 아이에게 하듯이 하게 된다. 나는 나에게 굉장히 너그럽다.

『긍정의 훈육』 저자 제인 넬슨에 의하면 아이를 훈육하는 데는 세 가지 접근법이 있다. 선택의 여지없이 명령이 주인 엄격함, 책임 없는 자유인 자유방임, 그리고 제한된 선택 안에서 책임 있는 자유를 누리는 긍정의 훈육이다. 그녀에 의하면 요즘은 오랫 동안 잘 작동해왔던 통제의 방법이 아이들에게 효과적이지 않다. 이제는 더 이상 부모와 함께 일하며 생계를 책임지지 않는다. 또한 인권이 발달한 시대다. 부모는 아이들에게 책임감과 동기 부여를 제공할 의무가 있다. 또한 존중과 책임에 기초한 협력의 방법이 처벌보다 훨씬 더 효과적이다.

넬슨 박사는 아이를 가르치는 데 가장 효과적인 긍정적인 훈육은 존중과 책임을 기초로 한다고 말한다. 따뜻하고 단단하다. 또한 아이나 부모에게 수치심을 유발하지 않는다. 긍정의 훈육은 규칙을 만드는 과정에 아이들을 참여시킨다. 아이들은 정책 결정자가 되며 그 결과 그 규칙을 더 자발적으로 따르게 된다. 긍정의 훈육은 부드러우면서도 단호하고, 소속감과 자존감을 느끼도록 도와주며, 장기적으로 아이들에게 좋은 영향을 끼친다. 그리고 인격 형성에 필요한 삶의 능력을 가르친다. 이런 훈육을 하기 위해서는 먼저 낡은 훈육 습관과 이별해야 한다. 아이 마음을 제대로 이해해야 하며, 문제 행동의 숨은 욕구를 찾아야 한다. 결과보다 해결 방법에 초점을 맞춘다. 격려를 효과적으로 활용하며, 가족회의를 활용하는 것이 좋다. 무엇보다 내 아이에게 맞는 방법을 찾아야 한다. 마지막으로 긍정적일 것. 이러한 훈육 아래서 아이는 더욱 자신감이 생기며 세상을 신뢰하게 된다고 그녀는 조언한다.

아이의 부정적 감정을 담담히 받아들이는 것은 매우 힘든 일이다. 그런데 부모는 몇 년 동안을 매일 아이의 부정적 감정과 만나야 한다. 마법 같은 노하우가 있으면 좋겠다. 이걸 수월하게 해내는 방법 말이다. 그런데 없어서 안타깝다. 정석대로 가자. 아이의 부정적인 행동이 장점이 된다고 믿어야 한다. 부모는 스트레스를 풀 곳이 있어야 한다. 아이를 재우고 잠시 쉬는 시간이 단한 시간이라도 있어야 한다. 어렵고 힘든 와중에도 소소한 행복을 찾아 버텨야 한다. 나는 당으로 버텼고 그 결과 13kg이 쪘다. 실수도 많았다. 결코 쉽지 않은 것을 누구보다 잘 안다. 그래도 하다 보면 결국은 끝난다.

아이는 가르쳐야 하는 대상이다. 미숙하다. 정서와 신체가 아직 다 자라지 않았다. 설사 잘못을 했다 해도 그건 미숙해서 그렇다. 인내심을 가지고 아이를 훈육해야 한다. 하고 또 하고 또 해야 한다. 그 과정에서 부모는 많은 실수를 하고 많은 노력을 한다. 그 과정을 누가 말로 다 설명할 수 있을까. 마지막에는 웃게 되겠지만 그건 그냥 웃음이 아니다. 도 닦은 도인의 웃음이다.

예민한 아이 훈육이 너무 어려워요. 언제 맞춰줘야 할지, 언제 훈육해야 할지 모르겠어요.

두 돌 전엔 아이에게 많이 맞춰주게 됩니다. 특히 돌 전에는 아이가 이 세상 전지전능한 신이 되어야 하죠. 그런데 약 18개월 즈음부터 아이가 고집이 시작됩니다. 훈육이 어렵다, 언제 맞춰줘야 할지 훈육해야 할지 모르겠다고 생각한다면 지극히 정상입니다. 딱딱 맞아 떨어지는 공식은 없습니다. 상황 봐가며, 경험을 기초 삼아, 아이에게 대처하는 방식을 알아가게 됩니다. 가장 쉬운 방법은 아이에게 말을 걸어 대답을 하고 행동으로 옮기는지를 보면 됩니다. 그러면 아이의 원시뇌가 아닌 전두엽에 불이 들어와 있습니다. 그런 경우 훈육이 가능하겠죠. 그런데 그렇지 않다면 맞추어야 하는 상황입니다. 또 하나의 팁을 드리자면, 엄마가 단순히 힘든 게 아닌 인간 대 인간으로 화가 나면 훈육해야 하는 상황입니다. 엄마의 본능을 잊지 마세요.

08

최고의 방법은
부모의 아이를
사랑하는 마음이다

"그런즉 믿음, 소망, 사랑, 이 세 가지는 항상 있을 것인데 그 중에 제일은 사

랑이라." - 「고린도전서」 13:13

아이에겐 확신을 주는 한 사람이 필요하다

사랑은 기적을 이룬다. 믿음, 소망, 사랑 중에 제일은 사랑이이라고 그리스

도의 사도 바울은 전한다. 하나님을 믿지 않아도 상관없다. 사랑이 중요하단

건 누구나 아는 사실이니까. 사랑이란 무엇일까? 사랑은 마음이다. 가슴으로

하는 것이다. 심장의 에너지다. 상대에게 강하게 울리며 움직이는 힘이 되게

하는 것이다. 아이에겐 그러한 사랑을 주는 단 한 사람이 필요하다.

『영재 공부』의 미국심리학자협회 심리치료학자 제임스 웨브의 이야기를 들어보자. 아이에게 한 사람이라도 특별한 지지를 주면, 아이는 세상에서 쏟아지는 부정적인 말들을 극복할 수 있게 된다고 한다. 특히 한 사람과 나누는 깊은 교류는 아이의 정서 발달에 큰 영향을 주는데, 아이는 강한 믿음과 무조건적인 수용이 주어지면 역경을 이겨내는 힘을 얻게 된다.

중요한 것은 '확신'이다. 확신은 아이가 존재만으로도 가치가 있음을 믿도록 하는 것이다. 그래서 부모는 아이에게 무조건적인 지지와 애정을 보내야 한다. 따뜻한 눈빛으로 보고 자주 안아주고 부드럽게 다가가고 상냥하게 말해야 한다. 이렇게 정서적으로 안정된 아이들만이 자신의 재능과 능력을 발산할 수 있다는 것이다.

사람들은 나보고 대단한 엄마라고 이야기한다. 육아서 1,000권을 읽었고, 6년을 모유 수유 했고, 예민한 기질의 아이를 둘 다 긍정적으로 키워냈으니 그래 보이는 것을 안다. 그런데 나는 그렇게 대단한 사람이 아니다. 그건 외적인 성과일 뿐이다. 사실 진짜 나는 지극히 평범한 인간이다. 오히려 부족한 부분이 많다. 사랑받고 자라지도 못했고, 아이를 낳고 키우며 비로소 나를 찾았다. 사람들 앞에서 말을 잘 못해 아직도 버벅댄다. 내가 진짜 대단한 것이 있다면 모든 것의 관점을 바꿨다는 것이다.

관점을 바꾸면 불가능이 가능해진다

나는 육아에 전념했지만 나 자신을 희생하지 않았다. 희생이란 말의 본 어원은 제물로 바쳐지는 것이다. 희생양이라는 말이 그 예다. 신에게 바쳐지는 제물이다. 그런데 엄마가 아이의 제물이 되면 되겠는가? 아이는 부모를 롤 모델로 삼아 자랄 텐데, 부모가 자신의 제물이 되는 걸 과연 바랄까? 엄마는 희생하면 안 된다. 엄마는 대신 헌신해야 한다.

헌신이란 내가 주도적으로 주는 것을 말한다. 희생은 바쳐지는 것이다. 이 차이를 알겠는가? 내가 원해서 주면 헌신이고 상대가 원해서 주면 희생이다. 나는 어쩔 수 없이 전업맘 생활을 시작하게 되면서, 이렇게 된 거 차라리 육아에 몰입하겠다고 작정했다. 어쩔 수 없는 상황을 내가 원하는 상황으로 일순간 바꿔버렸다. 이 관점의 변화는 단 한마디 나의 결심으로 시작되었다. 그렇게 관점이 변하자 나는 대단한 엄마가 되었다. 왜냐하면 너무 재밌고 즐거우니까 육아에 내 모든 능력을 끌어올려 몰입한 것이다. 내 한계를 뛰어넘었다.

아이를 낳은 뒤 엄마들의 뇌는 말랑해진다. 뇌 가소성이 높아진다. 이런 몰입의 결과 나의 뇌는 변했다. 우울증은 온데간데없이 사라졌다. 술은 완전히 끊었다. 습관을 설계해 매일 5분이라도 투자하여 내가 원하는 삶을 살아간다. 나뿐만 아니라 아이들도 성장했다. 행복한 엄마 아래서 행복한 아이들이 되었다. 단지 관점을 바꾸니 가능했다.

앞서 자존감이 높은 아이들은 같은 50퍼센트의 확률을 놓고 성공할 것 같다는 대답을 한다고 이야기했다. 같은 현상을 보고도 달리 해석하는 것은 미묘하지만 큰 차이다. 관점을 바꾸면 불가능한 일이 가능하게 된다. 아이의 문제 행동을 보고도 이것이 특별한 재능이 될 거라고 믿는 부모는 기적을 이룬다. 자신의 자존감을 높이며 또한 아이의 자존감도 높인다. 애초에 자존감이 높아서 그런 결정을 하는 경우도 있겠지만, 아이를 사랑하는 마음으로 기적을 경험하는 케이스도 많다. 그 기적은 아이뿐만 아니라 부모에게도 일어난다.

24년간 41만 명의 부모를 코칭한 푸름이교육연구소 푸름 아빠 최희수는 『푸름 아빠 거울 육아』를 통해 아이를 신처럼 키우는 방법인 배려 깊은 사랑을 전한다. 그가 명명한 '배려 깊은 사랑'은 아이를 조건 없이 수용하는 사랑이다. 사랑받기 위해 어떤 식으로 행동해야 한다고 아이에게 요구하지 않는다. 아이를 존재만으로 사랑하며 판단과 비교가 없다. 이런 사랑을 받은 아이는 자신의 본성이 사랑인 것을 안다. 자존감 높은 아이로 성장하며 일상의 기적을 경험한다.

예민한 아이 육아법

배려 깊은 사랑은 데이비드 호킨스가 말하는 540 에너지 수준을 가진 '기쁨' 단계에 해당한다고 푸름 아빠는 설명한다. 이는 보통 인간이 경험할 수 있는 최고의 의식 수준이며 이 상태에서 영적 치유가 일어난다.

나는 아이를 배려 깊은 사랑으로 키웠다. 배려 깊은 사랑은 어찌 보면 쉽다. 아이를 조건 없이 있는 그대로 존재만으로 수용하면 되기 때문이다. 하지만 그것이 어려운 이유는 내면아이의 상처 때문이다. 아이를 볼 때 문제 행동만 보이고 비판하게 되며 있는 그대로 사랑하기 어렵다면 본인의 어린 시절을 돌아보아야 한다. 당신은 존재만으로 사랑받았는가? 학교 성적이나 사회성이 좋아야만 칭찬받지 않았는가? 아니면 좋은 대학에 들어가야만 인정받지 않았는가? 만약 존재만으로 사랑받지 못했다면 당신은 당신 아이에게도 그럴 가능성이 높다. 그 사실을 인지하지 못한다면 말이다. 무의식이란 무섭다.

아이를 존재만으로 사랑하려면 나를 사랑해야 한다. 아이를 사랑하려고 노력함으로써 자연스레 자신도 사랑하게 되는 경우도 많다. 아이의 기질을 수용하려 노력했다. 나는 못 받고 자랐지만, 아이에게 착해지라고 이야기하기보다 너답게 살라고 이야기하려 노력했다. 그것이 옳다고 육아서에서 배워서 그렇게 했다. 그랬더니 나의 기질도 수용하게 되고 나답게 살려고 노력하게 되었다. 나를 싸고 있던 겹겹의 옷을 하나씩 벗어던지기 시작했다. 그건 '세상의 때'였다. 그러자 나의 원형이 드러났다. 나의 원형은 고귀하고 아름다웠다.

영적으로 충만했으며 매일이 행복해졌다. 알코올 중독에 우울증이던 나는 희미해졌다. 매일같이 울던 나의 내면아이는 가끔 불쑥 나타나긴 하지만 대체로 잠잠했다. 하루하루가 선물 같다. 그래서 나는 안다. 배려 깊은 사랑이 얼마나 의식 수준이 높은 행동인지, 사람을 어떻게 변화시키며 어떤 기적을 이루는지.

나는 내 아이들이 잘 자란 것이 어쩌면 기적일지도 모른다고 생각한다. 어떻게 불안해하던 아이가 3년 만에 그렇게 안정적으로 변했는지, 예민한 기질인 둘째도 모자람 없이 개성 넘치게 자랐는지, 내 주변의 사람들과 그 아이들도 나에게 영향 받아 성장하고 변화한 것을 보면, 이건 어쩌면 이런 높은 의식 수준이 주는 기적일지도 모른다는 생각이 든다.

가장 최고의 방법은 아이를 사랑하는 마음이다. 머리로 방법을 익히고 외우지 않아도 된다. 이것 하나만 기억하자. 아이를 존재만으로 조건 없이 사랑하자. 그러면 그때부터 기적이 일어난다. 내가 경험했고, 내 아이들이 경험했고, 내 주변이 경험했다. 이제는 당신이 경험할 차례다.

5장
······

예민한 기질은
특별한
잠재력이다

01
.....

예민함은 생존에 유용한 재능이 될 수 있다

예민함을 담은 유전자가 대를 이어 내려온 데는 이유가 있다. 그 유전자로 살아남았기 때문이다. 이런 상황을 상상해보자. 불안도 높은 예민한 사람은 모르는 생물체를 발견해도 확인하려 앞으로 뛰어나가지 않아 생존율을 높였을 것이다. 호기심 많은 예민한 사람은 더 많은 사냥감을 잡았을 것이다. 예민한 사람들은 영적인 지도자가 되었을 수 있고, 지혜를 전하는 사람이 되었을 수 있으며, 용맹한 전사가 되는 경우도 있었을 것이다. 이들은 자기에 맞는 각각 다른 방식으로 부를 쌓아 대를 이었다. 그렇지 않으면 이 유전자는 도태되어 세상에서 흔적을 감추었을 것이다. 알고 보니 내가 이렇게 살아남았던 것도 나의 예민함 때문이었다.

예민함이 특별한 진짜 이유

불안을 크게 느끼는 기질 때문에 이상한 사람들을 멀리했다. 위협적인 사람들을 만나면 발톱을 드러내 보이지 않았다. 나는 가끔 내가 너무 소극적인 방어를 한다고 생각했던 적도 있다. 하지만 지금 돌이켜 생각했을 때 내가 맞서 싸울 힘이 없는 상황에서의 그런 행동은 현명했다. 맞서 싸울 힘이란 흔히 돈이나 권력이 될 수 있다. 하지만 그보다 가장 큰 무기는 자존감이다. 나는 아이 낳기 전 자존감이 높지는 않았지만 불안도가 높기 덕분에 사기를 당하지 않았고 다단계를 피해갔다. 자존감 낮은 사람들이 가장 많이 휘말리는 게 바로 그런 것들이기 때문이다.

또한 내가 이렇게 발전할 수 있었던 것 또한 나의 예민함 때문이었다. 나는 쉬지 않고 자극을 추구했다. 산만하다고 표현할 수도 있다. 일을 자꾸 벌였다. 책을 많이 읽든가, 꽂힌 분야를 판다든가 하는 내향적인 자극을 많이 추구했다. 가끔 필 받으면 예를 들어 너무 힘들거나 혹은 너무 기분 좋으면 외향적인 자극 추구를 하기도 했다. 모임을 만드는 등 사람들을 주도하는 것이다. 뭔가 되지 않으면 그냥 주저앉다가도 막 뭔갈 뒤졌다. 그저 기분이 좋아지기 위해 그랬는데, 그렇게 많은 분야를 파고들어가게 되었다.

또한 나의 예민함이 요즘 큰 힘을 발휘하는 건 나의 영적 능력이다. 최근 나는 나의 의식 수준이 높아졌음을 느낀다. 꿈을 꿀 때, 명상을 할 때, 글을 쓸 때, 책을 읽을 때, 어떤 메시지를 경험한다. 이를 시행하면 좋은 일들이 생긴다. 나는 우주와 닿았음을 느낀다. 정말 예민한 사람들을 보면 보통 이러한 능력이 있다. 많이 예민한데 아직 이런 현상을 겪지 못했다면 낮은 의식 수준 때문에 그렇다. 의식을 높이기 위해 모든 힘을 기울여야 한다. 예를 들어 명상을 한다든지, 몰입이 높아지는 좋아하는 일을 한다든지, 의식 공부를 하는 것이다.

다행히 요즘은 대중의 관심이 높아지고 좋은 자료가 많다. 또한 의식이 높은 사람을 옆에 두고 수시로 그의 말을 들으면 좋다. 그리고 내 의식 성장을 붙잡는 상처받은 내면아이를 치유해야 한다. 보통 사람들도 노력하면 높은 수준의 의식에 닿을 수 있다. 예를 들어 앞서 말한 아이의 모든 것을 조건 없이 사랑하는 배려 깊은 사랑은 보통 인간이 도달 가능한 최고의 의식 수준에 속한다. 그래서 육아만 잘 해도 기적을 경험하게 된다. 의식이 높아지면 모든 것을 이룬다. 높은 의식은 모든 인간이 도달할 수 있는 것이지만 예민한 사람들에겐 좀 더 쉽다. 인간의 눈에 보이지 않는 것을 보는 육감 같은 것이 있다.

섬세한 기질로 세상에 생존하고 재능을 발휘한다

사람들은 이러한 예민한 사람들의 능력을 특별한 것으로 본다. 왜냐하면 예민한 사람들은 소수이기 때문이다. 만약 예민한 사람들이 많다면 이러한 특성은 대중적인 것이 될 것이다. 하지만 예민한 기질의 사람들이 많아질 가능성은 적어 보인다. 너무 키우기 힘들기 때문이다. 보통 하나 아니면 많아도 둘 낳게 된다. 사실 모든 아이들은 다 특별하다. 하지만 소수여서 예민한 기질은 앞으로도 쭉 특별할 예정이다.

또 다른 특별한 삶을 살아가는 『다빈치형 인간』의 저자 개럿 로포토는 성공한 미국 기업가이다. 그는 본인이 사람들이 보통 산만하다고 이야기하는 DRD4 변형 유전자를 지녔으며 자신의 아들은 ADHD라 당당히 말한다. 그에 의하면 이 기질의 사람들은 타고난 섬세함으로 세상에 생존하고 재능을 발휘한다. 다빈치형 인간은 역사가 진행되면서 일어나는 어떠한 종류의 동요도 가장 먼저 빠르게 인지하는 사람이다.

"다빈치형 인간은 인류 중에서 가장 감수성이 뛰어난 사람들이고, 가장 창조적인 사람들이자, 가장 파괴적인 잠재력을 가진 사람들이다."

특히 그가 말하는 '알파 다빈치형'과 '세타 다빈치형'에 주목할 필요가 있다.

이는 외향적으로 알려져 있는 자극 추구 기질이 내향적인 방식으로 작동하는 케이스도 있다는 것을 시사한다.

알파 다빈치형은 일견 지능이 높아보이지는 않을 수 있다. 그러나 신체 활동 면에서는 두각을 드러낸다. 어떻게 말하고 행동해야 할지에 대해서는 타의 추종을 불허할 정도로 뛰어나다고 한다. 운동선수에 가까우며 외부 사건에 관심이 많은 것이다. 세타 다빈치형은 왜소하거나 겉으로 보기에는 약해 보일 수 있다. 그러나 창조적인 면에서는 따라올 사람이 없다. 몽상가에 가깝다. 자기 자신의 내면으로 파고들어가 보석을 찾아내는 유형이다.

다빈치형 인간, 에디슨 유전자, 난초 아이, 인디고 아이 등 예민한 아이들에게 붙는 수식어는 많다. 예민한 아이들은 외향적일 수도, 내향적일 수도 있다. 보통 예민한 아이들은 내향적인 특성을 가졌다고 알려져 왔다. 하지만 외향적인 예민함을 가진 흔히 '산만하다'라고 표현되는 아이들도 키우기 어려운 예민한 기질에 속한다는 최근 연구 결과가 많다. 이 다른 특성들은 각각 다른 장점을 가진다. 그리고 외향성과 내향성 두 특성을 모두 가진 아이들은 더 키우기 어렵다. 연구 결과에 의하면 이들은 어릴 때 주의 집중력이 더욱 낮았다. 하지만 오랜 시간이 지나 안정되면 두 특성 모두의 장점이 다 나온다.

윌리엄 시어스 박사는 『까다로운 내 아이 육아백과』를 통해 예민한 아이들이 사랑 아래 어떻게 자라는지 설명한다. 그에 의하면 부모를 지치게 했던 바로 그 행동들이 멋진 특성으로 바뀐다. 그러니 부모는 아이의 힘든 부분도 사랑하려 노력해야 한다.

인내의 열매는 달다. 아이는 대기만성이 된다. 아이는 열렬하고, 깊이 있고, 재치 있고, 리더십 있고, 의견이 확실하고, 결단력 있고, 끈질기고, 분별력 있고, 통찰력 있고, 공정하고, 붙임성 있고, 연민이 많고, 공감할 수 있고, 배려하고, 애정이 넘치는 어른으로 자란다.

아이는 생존하기 위해 이 기질 유전자를 가지고 태어났다. 처음에만 좀 도와준다면 아이는 어떤 상황에도 살아남을 것이다. 생존에 성공한 유전자를 다음 대에 또 이을 것이다. 나는 우스갯소리로 난 건강히 오래 살아야 한다고 말한다. 우리 아이들이 아이를 낳으면 그들도 예민할 테니 분명 내 도움이 다시 필요한 날이 올 것이다. 그러니 관절 관리에 힘써야겠다.

격동의 시대, 예민한 기질은 특별한 잠재력이 된다. 예민한 사람들은 온몸으로 변화를 느낀다. 누구보다 먼저 변화된 세상에 적응하려 애쓰게 된다. 예민한 사람들은 다양한 방식으로 생존해왔다. 불안도 높은 기질을 이용하기도 하고, 호기심 많은 성격으로 적응하기도 한다. 부모를 지치게 했던 예민한 아이의 행동은 커서 눈부신 장점이 된다. 그들은 세상을 깊이 있게 느끼며, 사람들과 공명하여, 통찰력 높은 삶을 살아간다. 키우기 힘들지만 잘 자라날 것이다.

예민한 아이는 표현 능력이 뛰어나다

예민한 아이는 스스로를 표현하는 능력이 뛰어나다. 일단 활기찬 울음만 보아도 그렇다. 이 얼마나 축복받은 재능인가. 물론 너무 힘든 게 사실이다. 하지만 때가 되면 이 특성은 아이의 장점이 된다. 아이에게 "울지 마, 뚝!"이라고 말하지 말자. 아이가 울면 긍정적인 마음으로 보듬자.

아이의 사회성은 표현 능력에서 갈린다

예민함은 예술적 재능과 밀접하게 연결되어 있다. 예술이란 무엇인가? 먼저 예술에 대해 정확히 짚고 넘어갈 필요가 있다. 보통들 예술을 미술 작품이나 창작곡 같은 하나의 개체로 이해한다. 그런데 예술은 가치다. 예술은 사람들을 결합시키고 감정이나 사상을 효과적으로 전달하는 것이다. 예술은 감동을 불러일으키고 기적을 경험하게 만든다. 그래서 예술적이 되려면 사랑해야 한다. 단 한 명만 사랑해도 예술적이 될 수 있다. 보다 많은 사람들을 사랑하면 그 예술은 대중성이 된다.

예민한 사람들이 예술적이 되는 이유는 사랑해서이다. 그림을 잘 그리거나 수학 문제를 잘 풀어서가 아니다. 나 혹은 상대를 깊이 이해하고 진심으로 느끼기 때문이다. 사람들을 잘 이해하지 못하는 예민한 사람이라면 높은 반응성으로 개선해나간다. 과민한 감각과 섬세한 생각들은 여기서 빛을 발한다. 사람들을 느끼며 온몸으로 아파하고 진심으로 행복해한다. 그러한 마음이 겹겹이 쌓인다. 이걸 표현할 줄만 알면 된다. 그래서 예민한 사람들은 자꾸 표현하고 드러내야 한다. 사람들은 그들에게 감동받고 치유된다.

실제로 우리 외가에는 미술에 입문한 사람들이 많다. 남편 집안은 음악 쪽이다. 내가 가만 보니 부유할수록 예술가가 많이 배출되더라. 그만큼 예술을 하려면 돈이 필요하다는 뜻일 것이다. 나처럼 글이나 공부, 경험인 사람들도 있다. 이런 사람들은 또 다른 방식으로 사람들의 마음에 닿는다. 작가이자 동기부여가 코치가 되는 것이다. 뭐가 됐든 예민한 사람들의 에너지는 빛처럼 세상에 퍼져나간다.

아이가 표현하도록 지지해야 하는 이유는 이것이 사회성과 연관되기 때문이다. 예민한 아이의 관심사는 대중의 그것과 다를 수 있다. 어떤 아이는 우주에 꽂힐 수 있고, 어떤 아이는 공룡에 입문한다. 우리 첫째는 고양이였고, 둘째는 자동차다. 그냥 꽂히는 것이 아닌 심도 깊게 파고 들어간다. 그래서 예민한 아이가 자신의 관심사를 이야기하면 또래 아이들과 수준이 다를 수 있다. 자기가 좋아하는 부분 발달이 또래보다 빠르다. 이런 특성으로 아이는 쉽게 외로움을 느낀다.

그런데 이러한 자신의 관심사를 아이가 예술적으로 표현할 줄 알면 그러한 갭이 완화된다. 미술, 음악, 문학, 체육 잘하는 아이를 싫어하는 또래는 없다. 아이가 어렸을 때부터 훌륭한 작품들을 접하게 하자. 요즘 좋은 책도 많다. 유튜브 영상들도 훌륭하다. 자료는 도처에 널렸다. 자신이 즐겁고 좋아하는 활동이라면 아이는 기꺼이 드러내고 싶을 것이다. 물론 그렇다고 예체능 학원 뺑뺑이는 안 된다. 집에서 조금만 신경 써도 아이의 예술성이 높아지고 사회 생활이 수월해진다.

예민함을 표현하는 것 또한 능력이다

『오픈 도어』 저자이자 한국특수요육원 원감 김승언 대표는 예민한 아이들은 오히려 어려움이 적다고 이야기한다. 자폐성 장애를 가진 아이들은 혼자 논다. 주변에 사람이 있어도 관심이 없다. 사람이 아닌 자극적인 것들에 집중한다. 하지만 아이의 기질이 예민하면 같은 환경에서도 끊임없이 엄마와 교감하길 원하기 때문에 발달상의 문제가 적다고 그녀는 말한다. 하지만 순할수록 문제 환경에 그대로 노출되어 부모로부터 받아야 하는 자극이 결핍된다.

이처럼 아이가 울고 매달리는 성향이 오히려 장점일 수 있다. 울음을 아예 무시하고 방치하지만 않으면 아이는 자신의 불편함을 온몸으로 표현한다. 위험하거나 문제 되는 환경을 오히려 비켜갈 수 있게 된다. 아이는 뛰어난 생존 능력을 가졌다. 이런 표현하는 능력을 수용하고 좋은 쪽으로 발휘되도록 이끌어야 한다. 음악, 미술, 체육, 문학 등 쉽게 말하면 예술적 분야이다. 꼭 직업 삼지 않더라도 이러한 취미를 가지면 평생 좋다. 삶이 윤택하고 대인 관계가 좋아진다. 자신의 섬세한 지각과 표현하는 능력을 마음껏 긍정적으로 발휘하게 된다.

예민한 아이의 영재성은 '과흥분성'으로 설명될 수 있다. 다브로브스키가 설명한 과흥분성은 정서, 감각, 언어, 인지, 운동, 이렇게 다섯 분야가 있다. 이 중 하나라도 특수한 흥분성을 보이면 영재성을 가지고 있는 것으로 본다. 보통 예민한 아이는 이 다섯 분야 중 최소 하나에서 과흥분성을 보인다. 전 멘사 회장이자 GES영재교육 로드맵 컨설팅 대표 지형범은 이런 과흥분성을 가진 아이에게 감정 표현하는 것을 권장하라 조언한다. 되도록 예술적이고 아름답게 표현하도록 유도하는 것이 좋다. 또한 감정을 공감하고 허용하되 행동에는 일정한 선이 있다는 것을 지속적으로 가르쳐야 한다. 예술, 즉 시, 노래, 무용, 대사들을 익히는 것이 도움이 된다. 여기에 몰입을 지지하면 천재적인 예술가나 대학자가 될 수 있다. 어린 나이부터 이런 교육이 필요하다고 그는 이야기한다.

아이에게 표현하도록 유도하는 것은 세상을 사랑하는 방법을 가르치는 것이다. 또한 아이의 자존감을 더욱 단단히 하는 것이다. 아이의 능력은 세상의 귀중한 선물이다. 부모는 아이가 세상의 귀중한 선물이라는 것을 믿어야 한다. 그러면 아이도 자신이 가진 재능을 자신 있게 드러내 보이게 된다. 그러면 아이의 자아가 견고해진다.

우리는 원석을 선물 받았다. 이 원석을 어떻게 가공해 빛을 발하게 도울지는 선택의 몫이다. 아이의 표현 능력을 개발하자. 어릴 때 아이의 울음에 반응하고 요구에 귀 기울인다. 후에 이런 표현 능력을 자신이 좋아하는 것에 발휘하도록 코칭한다. 예술적인 경험을 어린 시절부터 하는 것이 좋다. 아이는 자석처럼 이 경험들에 끌려 훗날 자신의 길을 찾을 것이다. 그렇게 이 세상에 가장 효과적인 방법으로 자신에게 부여받은 재능을 펼치게 될 것이다.

아이가 너무 산만해서 걱정이에요.

보통 아이들도 어릴 때는 가만히 있지 못하고 산만하죠. 하지만 아이가 다른 아이들과 많이 비교될 정도로 많이 산만해서 걱정이라면 어릴 때부터 부모의 지혜가 필요합니다. 먼저 산만해지는 원인이 무언지 보세요. 불안과 감각 문제가 있다면 엄마가 아이에게 일정 부분 맞추어주는 수밖에 없어요. 만약 호기심이 많아 그렇다면 아이가 조절할 수 있도록 눈높이에 맞추어 가르치는 것이 좋습니다. 예를 들어 5분, 10분 단위로 아이가 잠시 참는 것을 훈련하는 거예요. 그리고 산만한 행동을 자극하는 환경 요소를 점검해보세요. 과도한 미디어나 감각 자극에 노출되어 있는지, 또는 에너지를 충분히 분출하지 못하는지를 살피는 것입니다. 산만한 아이를 좋아하는 활동으로 이끄세요. 그러면 아이는 쉬지 않고 놀이하며 몰입하며 자신의 특별한 기질을 능력으로 발휘하는 법을 배우게 됩니다.

예민한 아이의
부모만이
알 수 있는 기쁨

예민한 아이를 키우며 부모만이 알 수 있는 기쁨이 있다. 매일매일 느끼는 그것, 나중에 아이가 안정되고 나서 누리는 기쁨 말고 현재 존재하는 그것, 너무 힘들어 자각하지 못하는 소소한 그것에 대해 이야기하면 아마 '아, 맞아. 그렇지!' 하고 놀랄 것이다. 예민한 아이를 키우며 힘든 부모에겐 '소확행(소소하고 확실한 행복)'이 절실하다. 정확히 말하면 이미 존재하는 소소한 행복을 인지하는 것이다.

진짜 소확행은 아이와의 순간순간이다

예민한 아이를 키우며 기쁜 것들이 뭐가 있는지 생각해보자. 솔직히 힘든 것이 먼저 생각난다. 나는 가장 먼저 잠 못 자고 아이가 밤새도록 울던 일들이 생각난다. 안 좋은 기억은 지워져야 정상이라는데, 예민한 기질의 아이를 키우며 겪은 힘든 일들은 지워지지도 않는다. 그 힘듦이 트라우마 급이었나 보다. 그래도 무엇이 행복했는지 생각해본다. 물론 아이들이 안정된 지금은 매일이 기쁘다. 행복이 충만하다. 하지만 예전 한창 힘들 때는 정말 사는 게 사는 게 아니었다.

나는 힘든 와중에도 아기의 입 냄새가 좋았다. '입 냄새라니! 그게 무슨 드러운 소리야!'라고 생각하는 분들은 아기 입 냄새를 한 번 맡아보라. 특히 젖먹이 아기의 입 향기를. 단내가 폴폴 사랑스러운 향기가 난다. 뽀뽀를 부르는 아기 냄새다. 그 향기를 담아둘 수만 있다면 시간이 흘러도 덜 아쉬울 텐데.

또한 아이가 나를 안아 팔로 목을 감던 그 느낌이 생각난다. 안아달라고, 둥가둥가 해달라고 엄마를 향해 양 팔을 벌리던 아이, 내가 앉아서 안아주면 일으켜달라고 발뒷꿈치를 들어 다리에 있는 힘을 다 주던 아이, 내가 아이를 안아주는 줄 알았는데 실은 아이가 나를 안고 있었나 보다. 내가 이리 성장한 걸 보면 말이다. 아이가 무조건적인 사랑으로 매일 나를 안아주어서 나의 내면아이는 치유되었다. 얼마나 자주 오래 안아주었던지 깊고 깊던 상처가 거짓말처럼 다 나았다.

사실 예민한 아이를 키우며 기쁜 일들은 특별한 것이 아니다. 예를 들어 엘사가 마법을 부리면 사람들이 놀라는 것처럼, 아이의 특별함으로 기뻐지는 종류의 것이 아니다. 예민한 아이를 키우며 느끼는 가장 큰 기쁨은 그 순간 순간 아이와의 진한 상호 작용에서 온다. 나에게 이렇게 엄마를 좋아하는 아이들이 태어나다니, 그동안 고생 많이 했으니 이제부턴 평생 사랑받으라고 하늘이 보낸 천사인가 보다. 감사하게도 나는 그 천사가 둘이나 있다. 천사들이 낯선 인간 세상에 적응하느라 그렇게 힘들었던 것 같다. 매일 감사하다.

예민한 아이의 부모는 축복받았다

『까다롭고 예민한 내 아이 어떻게 키울까』의 일레인 아론 박사에 의하면 예민한 아이의 부모는 축복받았다. 이 사실을 인지하면 아이를 키우며 더욱 기쁘고 즐거울 것이다.

먼저 아이는 부모에게 고마운 마음을 갖게 된다. 아이도 안다. 부모가 자신이 요구하는 이해와 도움을 제공한다는 사실을 말이다. 아이는 부모를 최고라고 칭송하게 된다. 그 결과 가족에게 일어나는 많은 일들에서 아이와 당신은 깊은 연대감을 느끼는 순간들을 경험하게 될 것이다.

또한 아이가 어려워하는 경험들을 극복해낼 때마다 짜릿한 성취감을 함께 느낄 수 있을 것이다. 사람들의 편견과 맞설 때 아이와 당신은 동료애를 느낄 것이다.

아론 박사는 예민한 아이가 부모를 더욱 깊은 눈으로 세상을 바라보게 만든다고 이야기한다. 부모가 예민한 사람이라 해도 또 다른 예민한 개인이 보여주는 세상에 대한 관점은 신선하다. 새로운 종류의 질문에 답하게 되고 보다 넓고 깊은 성찰에 도달하게 된다. 아이와 부모는 깊은 방식으로 닿으며 서로에 대해 잘 알게 된다.

이렇게 자란 아이는 이 세상에 깊은 감동을 느낀다. 그 결과 아이는 이 세상에 큰 공헌을 하는 인간으로 자라나게 된다. 발명가, 법률인, 의사, 역사가, 과학자, 교사, 상담사, 영적 지도자, 통치자, 예언자 등이 된다. 매 성장 과정에 부모와 훌륭한 파트너가 될 것이다. 이토록 평범함을 뛰어넘는 아이를 키우고 싶다면 부모 스스로가 평범함을 뛰어넘어야 한다고 아론 박사는 전한다.

예민한 아이를 특별하게 키우는 부모는 특별한 부모가 된다. 아이를 잘 키우기 위해서 나를 성장시킬 수밖에 없다. 그것이 당장은 고통스러운 것을 안다. 모든 성장에는 성장통이 뒤따른다. 세상엔 공짜가 없는 법이다. 대성통곡하는 아이를 달래다가 높은 감정 코칭 능력을 갖게 된다. 아이 비위를 맞추다가 뛰어난 영업 능력을 갖추게 된다. 긍정적인 훈육을 하다가 결정 능력 높은 리더가 된다. 몇 년간 부모는 하드 트레이닝을 받는다. 당신은 해병대에 입대했다. 아이는 당신의 훌륭한 교관이 된다.

아이가 안정되면 나만의 일을 제대로 시작해보라. 이 세상에 예민한 아이 육아만큼 힘든 게 없다. 그래서 일이 너무 쉽게 느껴진다. 몇 년 제대로 못 했더니 재밌기까지 하다. 예민한 아이는 자신이 생존하기 위해 부모의 능력을 끌어올리고 환경까지 변화시켜준다. 아마 전생의 은인이어서 더 잘 살라고 지금 다시 만났을지 모른다.

엄마 K는 예민한 아이를 키우며 하나도 기쁘지 않다. 아이의 힘든 특성이 재능이 된다고 알고 있지만 도저히 긍정적인 마음이 생기지 않는다. 하루하루 치여 너무 힘들다. 일단 잠을 자고 싶다. 밥을 제대로 먹고 싶다. 말을 듣지 않는 아이는 너무 밉다. 남편은 하나도 도와주지 않는다. 매일 밤늦게 들어와 더욱 자신을 힘들게 한다.

지친 엄마는 아이의 잘하는 부분에만 집중하게 된다. 아이는 일찍부터 영상을 보고 한글을 뗐다. 아이가 그나마 똑똑한 것을 보고 겨우 좋게 생각하며 버티는 상황이다.

아이와 소소한 행복을 느끼는 사람은 매일의 아이 발달이 즐겁다. 아이 발달은 순서대로 이루어지며 일정 양을 채워야 다음 단계로 나아간다. 만약 중요한 부분을 건너뛰고 조기 교육에 과도하게 노출되면 아이는 거짓 성장을 이루게 된다. 정서가 어린 아이로 자란다. 몸과 머리는 큰데 마음은 너무나 어리다.

아이를 거짓 성장에 이르게 하는 것은 부모의 조급함도 있지만, 예민한 아이 부모의 경우, 자기 위안 때문에도 그렇다. 나도 그랬다. 너무 힘들 때는 아이의 장점만을 보고 버텼다. 안 그러면 도저히 아이를 사랑하기 힘들었다. 그런데 그럴 때는 왜 내가 그런 마음이 생기는지 내면아이를 들여다봐야 한다. 나도 그렇게 사랑받지 못했을 가능성이 크다. 그리고 그렇게 이성이 아닌 본능에 의해 행동하게 되는 것은 힘든 상황이기에 그렇다.

엄마는 도움을 받아야 한다. 너무 힘들 때는 도움이 필요한 상황이라고 인지하기도 힘들다. 물론 처음에는 사람들에게 도움을 요청한다. 친정엄마에게 전화해보고, 남편과 이야기도 해본다. 하지만 제대로 된 도움을 받지 못하는 경우가 많다. 그러면 엄마는 아이의 힘든 행동과 싸우거나 이를 회피하게 된다. 아이의 어려운 부분을 긍정적으로 끌어주지 못하게 되는 것이다. 그래서 아이의 정서가 텅 비게 된다. 이를 자각해야 한다. 아는 것과 모르는 것은 천지 차이다. 내가 겪어봐서 더욱 힘주어 이야기한다. 끝까지 포기하지 말고 도움을 찾아야 한다.

예민한 아이를 키우면서 누릴 수 있는 기쁨이 있다. 꼭 아이가 자라길 기다리지 않아도 된다. 꼭 아이의 재능이 발휘되길 바라지 않아도 된다. 아이가 나를 안아달라고 하는 순간, 아이를 안고 심장이 닿는 것을 느껴라. 아이가 내 목을 감은 그 팔을 느껴라. 아이가 울 때 울리는 목젖을 바라보아라. 뾰쪽 올라온 하얀 이빨을 보아라. 나는 이게 둘째를 낳고 되었다. 아무리 힘들게 해도 웃으며 대할 수 있게 되었다. 그래서 처음 아이를 키우는 엄마들에게 알려주고 싶다. 그 순간순간이 귀하고 찾으면 소소한 기쁨들이 있다고. 그런 매일을 쌓아 더욱 큰 기쁨으로 나아가자. 깜깜한 터널은 언젠가 끝이 난다.

아이에게
회복력과 적응력이
있다는 것을
기억하라

아이에게 전전긍긍하게 되는가? 아이에게 좋은 환경을 만들어주어야 할 것 같아 부담되는가? 아이 스스로 자생력이 없어 계속 도와주어야 할 것 같은가? 부모가 중요하다니 더더욱 후회되고 불안한가? 예민한 아이를 키우는 부모의 이런 갈등은 지극히 정상이다. 노력하는 부모일수록 더욱 그렇다. 실제로 나도 많이 했던 생각들이다. 내가 지금 잘 하지 않으면 아이에게 평생 데미지가 갈 것 같고, 애착을 잘 형성한 예민 아이들이 잘 자란다 하고, 슈퍼 양육을 받으면 성공한다 하고, 이 얼마나 무거운 마음의 짐인가. 이런 이야기를 듣고도 그냥 즐겁게만 육아할 수 있을까?

그래서 더 내가 아이 키운 경험과 내가 배운 것들을 적극적으로 이야기하기 조심스러웠다. 이제는 이 책을 통해 당당하게 그 모든 이야기를 풀어내련다. 그렇게 하는 이유는 잘 안 됐을 때 대안을 알기 때문이다. 사람이니까, 실수할 수 있다. 잘 되지 않을 수도 있다. 알면서도 안 한다면 나쁜 거지만 몰라서 혹은 그럴 능력이 부족해서 안 되었다면 그건 비난할 수 없는 것이다. 그럼에도 불구하고 아이는 결국 잘 살아갈 것이다. 지금부터 하는 내 이야기를 잘 듣고 실천에 옮겨라.

예민함이 회복력과 적응력이 된다

참으로 오랜 고민을 했다. 부모들에게 짐을 지우기는 미안하고, 그렇다고 부모 역할이 중요한데 돌려 말할 수도 없고, 환경의 도움을 받는 방법이 좋지만, 그것마저도 해내지 못하는 부모들에게는 어떤 대안이 있을까. 언젠가 내게 답이 올 거라고 믿고 기다렸다.

그러다 미국 하버드 기질 권위자 제롬 케이건 박사의 『무엇이 인간을 만드는가』를 읽었다. 그는 아주 넓은 관점에서 육아를 바라보았다. 부모가 전전긍긍하는 많은 것들이 먼 훗날 결과적으로 보면 단기적인 시련일 뿐이라는 것을 알려주었다.

그 책을 읽고서 내 경험이 다시 보였다. 바로 내가 예민한 사람인데 안 좋은 환경에서도 잘 자라난 케이스였다. 그동안 겪은 우여곡절을 보면 '잘'은 아닐 수 있다. 하지만 시련을 또다시 딛고 더욱 성장해서 일어났다.

멀리 돌아갈 필요 없었다. 내가 어떻게 이렇게 단단하게 성장할 수 있었는 지를 분석해야 했다. 많은 일들이 떠올랐다. 사랑받지 못하던 존재, 학대받은 어린 시절, 알코올 중독자였던 20대, 성공의 길로 들어가다 다시 꺾인 30대, 어떻게 내가 미치지 않고 살아남아 다시 정신 차릴 수 있었는지. 물론 아이를 키우며 엄마가 되고 달라진 나다. 그런데 어떻게 그렇게 수월하게 해낼 수 있었는지.

내가 읽은 위인전 전집이 떠올랐다. 이전 챕터에서도 이야기했던 친할머니 네 위인전 한 질. 너무 심심해서 읽고 또 읽었던 정말 재미없는 책들. 하지만 내 내면에 강하게 남아 시련을 겪을 때마다 다시 일어나게 해주던 나의 롤 모 델. 아이에게는 롤 모델이 필요하다. 부모가 롤 모델이 되면 좋겠지만 그런 상 황이 아니라면 아이에게 롤 모델을 심어줘라. 비바람이 몰아치고 인생이 꺾 여도 아이는 그때 경험했던 그 사람들의 이야기처럼 다시 일어나 살아가게 된다.

아이는 잘 자라날 것이다. 여기서 예민한 아이에게 회복력과 적응력이란 바로 '동일시'하는 능력이다. 자신의 뇌를 다른 사람과 연결시키고 닮아가는 능력. 그 능력 때문에 아이는 어려서도 그렇게 부모에게 매달렸던 것이다. 커서도 닮고 싶은 사람을 따라간다.

좋은 사람과 많이 만나게 해주어라. 그렇지 않다면 좋은 책을 접하게 해주어라. 부모가 부족하다면 더욱 그렇다. 단 한권의 책으로도 아이는 크게 성장한다. 그게 바로 예민한 기질을 가진 아이의 진짜 능력이다. 아이에게 이런저런 점을 조심하라는 것은 단기적인 관점에서 이야기하는 것이다. 인생 전체를 놓고 보았을 때, 아이를 올바르게 이끌어줄 그 단 하나의 롤 모델만 있어도 아이는 결국 그가 살아간 길을 걷게 된다.

예민한 아이가 회복탄력성을 얻는 방법

송지은은 『오늘도 예민하게 잘살고 있습니다』를 통해 대한민국 피겨스케이팅 선수 김연아 선수의 이야기를 전한다. 김연아 선수는 어릴 때 내성적이고 표정도 어두웠다. 어린 시절 인터뷰를 할 때도 단답형 대답만 겨우 했다. 하지만 그녀는 IOC총회에서 평창올림픽 유치를 위한 프레젠테이션을 성공적으로 해냈다. 섬세함과 온건함의 힘이었다. 내면의 힘이 극대화된 절정의 승리감이었다.

김연아 선수가 이렇게 성장할 수 있었던 건 그녀의 내향적이고 섬세한 성향을 알아보고 거기로부터 비롯된 끼와 감성을 발휘하도록 도와준 코치들 덕분이었다. 예민한 기질을 가진 사람과 이를 알고 잘 키워주는 어른의 역할이 얼마나 중요한지 알려주는 사례다.

김연아 선수가 굉장한 무대를 담담히 해내던 모습이 떠오른다. 많은 선수들이 심리 게임에서 지는 모습을 보았다. 긴장해서 실수를 연발하는 선수도 많았다. 김연아 선수를 보며 대체 어린 나이에 어떻게 저렇게 강심장인지 궁금했다. 어떻게 자랐을지 궁금했다. 그녀에겐 좋은 사람들이 옆에 있었다. 끝내 그녀는 자신의 특성을 긍정적인 부분으로 끌어내었다. 포기하지 않을 수 있었다.

가트맨 공인치료사 최성애 박사는 『나와 우리 아이를 살리는 회복탄력성』에서 '회복탄력성'이란 스트레스나 역경을 딛고 일어나는 힘이라고 이야기한다. 힘든 일을 겪어도 원래 상태로 다시 돌아가는 복원력이다. 그리고 미국회복탄력성센터 창립자 게일 와그닐드 박사는 회복탄력성은 단지 역경을 극복하는 힘이 아니라고 설명한다. 생동감 있고, 즐겁고, 진정성 있는 삶을 살 수 있는 능력을 뜻한다. 마지못해 억지로 끌려가는 것이 아니라 주도적으로 자신의 삶을 살 수 있는 능력을 말한다.

회복탄력성이 높은 아이는 정서 지능이 높다. 자신의 감정을 잘 알고 결정에 유용하게 사용한다. 자기 관리를 잘 하며 사회적 능력이 높다.

예민한 아이는 스트레스에 취약해 초기에 회복탄력성을 갖기 쉽지 않다. 본디 회복탄력성은 스트레스를 딛고 일어나는 힘이기 때문이다. 그런데 예민한 아이는 이 회복탄력성을 꼭 발달시켜야 한다. 회복탄력성은 마음 근육이다. 외부의 작은 반응에도 무너지는 우리 아이에게 튼튼한 갑옷을 입혀준다.

두 돌에 첫째는 "실망했어."라는 내 한마디 말실수에 손톱을 다 피가 나도록 뜯어버렸다. 나는 아이가 이 험난한 세상 어떻게 살아갈지 걱정했다. 내가 어떻게 케어해야 할지 몰랐다. 그런데 아이는 너무나 탄탄하게 자라났다. 알고 보니 매일 내가 했던 것들이 아이의 회복탄력성을 높이기 위한 방법이었다.

첫 번째는 기질 수용, 그리고 그 다음은 감정 코칭이었다. 기본에 충실하면 아이는 회복탄력성을 갖게 된다. 아이는 자신에게도 내가 해준 것처럼 하게 된다. 그리고 기질 수용, 감정 코칭 같은 것이 아니더라도 또 무너져도 또다시 노력하는 엄마를 보며 아이는 배운다. 회복탄력성은 기술만으로 가르치는 것이 아니다. 내가 육아하며 힘들어도 다시 일어나는 모습을 보고 아이가 배우는 것이다. 가슴으로 느낀 아이는 비로소 기술을 이해하게 된다. 이러한 아이는 높은 자기 조절 능력을 갖게 된다. 성공적인 대인 관계로 나아간다.

부모의 양육이 중요하다는 이야기는 큰 부담이 될 수 있다. 환경이 중요하다는 것 또한 그렇다. 하지만 안 좋은 환경에서도 결국 빛을 발하는 사람들이 있다. 그 사람들은 책을 가까이 했다. 그냥 책이 아닌 롤 모델이 존재하는 책이어야 한다. 나는 어렸을 때 위인전을 읽었다. 그들의 이야기를 읽으며 불우한 환경에서도 결국 일어나 성공하는 걸 배웠다.

아이는 책으로든, 직접 사람을 만나든 잘된 사람들의 사례를 많이 알아야 한다. 아이는 거기서 자신에게 맞는 사람을 골라낸다. 예민한 아이는 자신과 주파수가 맞는 사람을 만났을 때 드라마틱한 변화를 보여준다. 그러한 능력을 타고났다. 부모에게 울며 매달리던 성향이 바로 그 능력이다. 아이가 잘 자랄 것을 믿자. 어떤 역경에도 아이는 스스로 회복하고 적응해낼 것이다. 부모가 그러했던 것처럼.

아이에게
바위처럼 든든한
부모가 되어줘라

불안이라는 바람에 휘청이는 난초가 예민한 아이다. 난초는 키우기 까다롭지만 섬세히 보살피면 아름다운 꽃을 피운다. 반면 순한 기질의 아이들은 어디서든 잘 자라고 번영하는 민들레다. 난초 아이에게는 바위처럼 든든한 부모가 필요하다.

엄마는 기적을 일으킨다

질 볼트 테일러는 성공한 뇌 과학자였다. 하버드 의과대학 연구원으로 미국 전역을 돌며 학술대회에 참가했다. 그러던 어느 날 아침 예고치 않은 뇌출혈이 일어났다. 그녀 나이 37세. 그녀의 뇌 기능은 하나씩 마비되어 기능이 꺼졌다. 그녀가 기적적으로 겨우 떠올린 것은 엄마의 전화번호였다. 나중에 병원으로 옮겨져 각종 검사를 받았다. 잠들었다 깼다를 반복했다. 뇌의 언어 부위는 제대로 기능하지 않았다.

그러던 와중 엄마가 다음 날 올 것이라는 이야기를 들었다. 처음에는 '엄마'가 무엇인지 기억해내지 못했다. 그녀의 뇌에서는 '엄마'라는 개념마저 사라진 것이었다. 그래서 밤새 '엄마, 엄마, 엄마.'라고 반복하며 조각을 짜 맞췄다. 마침내 그녀는 엄마를 떠올렸다.

"어머니가 내 방에 들어오던 순간이 생생히 기억난다. 그녀는 내 눈을 똑바로 쳐다보면서 침대 옆으로 왔다. 우아하고 차분한 태도로 방 안의 사람들에게 인사를 한 다음 침대 위로 올라와 내 옆에 앉았다. 그러고는 포근하게 나를 안아주었다. 잊지 못할 순간이었다. 더 이상 내가 하버드 소속 박사가 아니라 다시 아기가 되었다는 것을 그녀도 알고 있었다. 그녀는 엄마로서 할 일을 했을 뿐이라고 말한다. 엄마의 딸로 태어난 것이 나의 첫 번째이자 가장 큰 축복이었다면, 다시 엄마의 아기로 태어난 것은 나에게 가장 큰 행운이었다."

테일러 박사의 옆에서 엄마는 큰 역할을 했다. 안 그래도 죽은 오빠의 뇌 장애를 잘 케어하지 못한 아픔을 가지고 있던 엄마였다. 엄마는 지극정성으로 그녀를 도왔다. 결국 그녀는 기적적으로 회복되었다. 8년간의 투병 생활에서 깨달은 것을 『긍정의 뇌』를 통해 알렸다. 그녀의 이야기는 전 세계에 파장을 일으켰다.

엄마는 기적을 일으키는 존재다. 사람들은 내가 무엇을 해야만 한다고 생각한다. 아이에게 무엇을 주어야만 좋은 엄마라고 생각하는 것이다. 그런데 그런 생각은 다 틀렸다. 갖은 고생 다 해본 내가 정확히 말해줄 수 있다. 부모는 존재만으로 아이에게 행운이다.

당연하게 부모가 옆에서 존재하며 아이를 지지할 수 있다고 생각하는가? 역사적으로 세상의 많은 부모가 그렇지 못하게 아이를 키웠다. 옛날엔 아이를 낳다가 죽는 엄마도 많았다. 전쟁이나 병으로 고아로 자라는 아이들도 많았다. 나는 부모가 있음에도 전혀 사랑받지 못했다. 평생 실컷 미워하고 싶었는데 아빠는 폐암으로 창창한 나이 50에 일찍 돌아가셨다. 당연한 것은, 실은 당연한 것이 아니다.

당신의 존재만으로 아이는 감사한다. 매일이 행복하다. 그래서 아이들은 부모가 화내고 뿌리쳐도 또다시 와서 붙는다. 부모를 너무나 쉽게 용서한다. 그런 아이의 사랑을 받아주기만 하면 된다. 당신은 존재만으로 기적이다. 당신은 당신 아이의 누구보다 자랑스러운 부모다.

단 한 사람만 정신 똑바로 차리면 된다

그럼에도 안 좋은 환경이 아이에게 좋지 않은 영향을 끼칠까 봐 두려운 엄마들이 있을 것이다. 환경이 중요한 것은 맞다. 하지만 대안이 있다. 나는 얼마나 부부싸움을 많이 했는지 모른다. 그런 상황에서도 아이들을 안정적인 사람으로 키워냈다.

남편과 나는 아이를 낳고 많이 부딪혔다. 일단 남편의 TV 사랑 때문에 그랬다. 하루 종일 TV를 틀어놓고 살던 남편은 마음대로 TV를 보지 못하는 하루가 너무나 괴로웠다. 또한 다른 육아관 때문에 그랬다. 남편은 부유한 집안에서 자랐다. 반면 나는 흙수저였다. 남편은 외적인 부분이 반듯하길 바랐다. 깔끔하고 좋은 옷을 입히고 집 안이 정갈하길 바랐다. 그것이 아이에게 주는 사랑 방식이었다. 하지만 사랑받지 못하고 자란 나는 정서적인 지지에 주력하고 외적인 건 잠시 미뤄두었다. 사실 예민한 기질 아이를 돌보느라 힘들어 신경 쓸 수도 없었다.

엎친 데 덮친 격으로 남편의 수입도 줄었다. 육아를 도와주려다 그동안 하던 일을 그만두었는데, 그 후 시작한 일이 원하는 만큼 되지 않은 것이다. 거기다 나는 3년 동안 출간을 시도했으나 잘 되지 않았다. 이런저런 이유로 문 앞까지 갔다가 3번을 미끄러졌다. 남편에게 나는 3번 거짓말한 양치기 소년이 되었다. 거기에 남편의 강한 성격은 기름을 부었다. 아이 둘 다 부모의 부부싸움을 많이 보고 자랐다. 우리는 대화를 하지 못할 지경에 이르렀다.

하지만 그런 와중에도 나는 아이들을 잘 케어했다. 먼저 남편에 대한 나의 미움을 아이들에게 전달하지 않았다. 남편에 대한 나의 감정은 내 스스로 처리했다. 그리고 아이들에게 설명해야 할 상황에는 객관적인 이야기를 해주었다. 사람은 나쁘지 않으나 나나 남편이나 행동이 나쁜 것은 가르쳤다. 나도 실수한 부분을 사과하고 다음에는 어떻게 노력하겠다고 약속을 했다. 남편과 사이가 좋지 않아도 억지로 아이들 앞에서 사과하는 모습을 보였다.

남편의 감정이 극에 달해 너무 힘들 때 아예 방을 하나 내주었다. 그 방에서 남편은 유튜브를 보고 게임을 했다. 스스로 스트레스를 푸니 싸움이 많이 줄어들었다.

그리고 이러한 폭풍 같은 상황을 겪어도 나는 아이들에게 죄책감을 갖지 않았다. 죄책감이 결국 불쌍한 아이들을 만들고 죄인 엄마를 만든다는 것을 알기 때문이었다. 잠자기 전에 아이들에게 이야기하고 사과하며 털어내버렸다. 모든 것을 24시간 안에 끝냈다.

한 번은 아이 앞에서 크게 싸워 아이가 큰 충격을 받았다. 어릴 적부터 배변을 가렸던 5살짜리 아이가 일주일 동안 소변을 제대로 가리지 못했다. 정부에서 운영하는 센터에서 상담을 받았다. 상담 때 아이가 그린 그림에는 아빠가 멀리 떨어져 있었다. 이 이야기를 듣고 아이를 지극히 챙기던 남편은 충격을 받았다.

선생님은 아이가 정말 예민한 기질이니 앞으로 계속 싸울 거면 이혼하라고 했다. 그것이 아이를 위해 낫다는 것이었다. 만약 같이 살 거면 절대 앞에서 싸우지 말고, 혹시 다투더라도 아이 앞에서 꼭 화해하는 모습을 보여 아이 머릿속에서 사건을 종결시키라고 했다. 그러지 않으면 아이의 머릿속에 미해결 사건으로 남아 불안이 생긴단다.

아이들을 지극 정성으로 케어하고 노력했지만 상황은 갈수록 나빠졌다. 마지막이라 생각하며 변호사 상담을 받았고 앞으로 일어날 수 있는 일들에 대비했다. 그럼에도 남편과의 대화를 계속 시도했다.

그러다 이 모든 힘든 상황이 어느 순간 기적처럼 나아졌다. 먼저 아이들이 자라면서 상황이 나아졌다. 둘째가 어느 정도 자라자 남편의 화가 많이 누그러졌다. 그리고 내가 일할 준비를 시작하자 남편이 한시름 놓게 되었다. 또한 투자해놓은 것들과 남편의 일도 좋은 소식이 들려왔다. 우리는 정말 수백 번 이혼을 이야기했다. 별거하자고 결정을 내리기도 했다. 그런데 아무래도 계속 같이 살 것 같다. 우리 둘은 정말 많이 성장했다.

남편이 난리를 쳐서 아이가 잘 자라지 못할 것 같은가? 계속 핸드폰을 보여줘서 아이가 악영향을 받을 것 같은가? 까놓고 얘기하겠다. 나만 잘하면 된다. 모든 건 나에게 달렸다. 내가 육아에 주도권을 잡고 아이들을 케어하면 된다. 그리고 내가 모범을 보이면 된다. 그러면 아이들은 잘 자란다.

남 탓 하지 말자. 설사 남 탓해야 할 상황이더라도 정신 똑바로 차리자. 호랑이굴에 들어가도 정신만 차리면 된다. 전쟁 상황 속에서도 성공적으로 자란 아이들을 연구한 결과 아이를 지지하는 한 사람이 있었다.

행동은 미워해도 사람을 미워하지 말자. 이 세상 모든 생명은 존귀하며 존재의 이유가 있다. 그리고 내 아이의 핏줄이다. 아이의 핏줄을 미워하면 내 아이를 미워하게 된다. 아무리 숨겨도 그 마음이 아이에게 전달된다. 내가 그 아이의 한 사람이 된다. 내가 못 하면 어느 누구라도 따뜻하고 단단한 아이를 사랑하는 사람이면 된다.

그동안은 양육 결과를 설명할 때 '부모가 아이에게 어떻게 대하느냐'에 관한 연구가 많았다. 하지만 미국 하버드 대학 심리학자 제롬 케이건 박사는 저서 『무엇이 인간을 만드는가』를 통해 어느 무엇보다 '동일시'가 양육 결과에 중요하다 말한다. 여기서 동일시는, 한 아이가 다른 대상과 자신을 동일한 존재로 여기는 것을 말한다. 앞서 이야기했던 것처럼 '롤 모델'이 동일시의 좋은 예다.

아이는 집안, 민족 집단, 종교 집단, 국가 집단과 자신을 동일시하게 된다. 아이가 결국 어떻게 자라느냐는 이러한 아이 동일시의 결과가 크다. 따라서 부모는 아이를 어떻게 키울지 고민하기 이전에 자신이 어떤 사람인지를 돌아보아야 한다.

롤 모델이 될 수 있는 부모를 가진 아이는 굉장히 운이 좋다. 만약 부모가 롤 모델이 될 수 없는 상황이라면 많은 사람을 접해 스스로 찾도록 도와주어야 한다. 책은 좋은 수단이다. 매 발달의 단계마다 모방할 롤 모델이 있으면 아이는 쉽게 잘 자란다. 또한 사람뿐만 아니라 아이가 접한 환경도 긍정적으로 인식하도록 도와주어야 한다.

예를 들어 대한민국에 안 좋은 인식을 가진 아이는 그런 나라의 시민인 스스로를 무의식적으로 부끄럽고 부정적으로 생각하게 된다. 따라서 아이가 속한 환경을 긍정적으로 인식하도록 부모 자신도 노력하고 만약 도저히 긍정적인 환경이 아니라면 환경을 바꿀 용기도 필요하다. 이러한 동일시를 인지하는 부모는 아이에게 든든한 바위 같은 부모가 된다.

아이에겐 친구가 아닌 부모가 필요하다. 아이는 친구를 만들 수 있다. 하지만 부모는 만들지 못한다. 아이에게서 부모의 자리를 비우지 마라. 부모는 기적을 일으키는 존재다. 힘든 환경에도 아이를 잘 키울 방법이 있다. 그것은 단 한 사람이라도 아이를 위해 바로 서는 것이다. 또한 그러한 부모는 아이가 앞으로 나아갈 길을 비추어준다.

모든 부모와 아이의 만남은 운명적이다. 어느 부모든 자신의 아이를 키울 능력을 부여받았다. 예민한 아이를 키우는 부모도 마찬가지다. 자각만 하면 된다. 그 후엔 모든 것이 쉬워진다.

남편과 양육 방식이 너무 달라요.
남편이 아이를 자꾸 울리고 혼내요.

가장 먼저 남편과 양육 방식이 다를 수밖에 없다는 걸 인정하세요. 각각 다른 가정에서 자랐으니까요. 자신이 받은 걸 옳다고 생각하게 돼요. 혹은 엄마가 육아서를 읽고 최신 노하우를 가지고 있는 경우도 많죠. 노력은 하되, 가장 큰 지혜는 어느 정도 내려놓는 것입니다. 남편을 차라리 아이의 사회성을 훈련하는 좋은 트레이너라고 생각하세요. 세상은 결코 호락호락하지 않으니까요. 물론 아이를 때린다든가 소리를 지르는, 정도를 넘어서는 행동엔 단호해지는 것이 좋아요. 가정이라는 울타리를 넘어 사회적 법적으로도 아동의 권리는 중요합니다. 남편과 대화를 꾸준히 시도하고 좋은 관계를 유지하면 아이에게도 좋습니다. 남의 편이라 생각하면 하기 싫지만, 내 아이를 위해서라고 생각하면 또 마음이 움직이고 행동하게 되는 것이 엄마입니다. 다행히 아이가 자라면 부딪힐 일이 많이 줄어듭니다. 그리고 어떤 경우에도 단단한 한 사람이 있으면 아이는 잘 자랍니다. 걱정하지 마세요. 아이는 이렇게 고민하고 노력하는 엄마 밑에서 누구보다 잘 자랄 거니까요.

06

아이에게
예민한 게 아니라
특별한 것이라고
인식시켜라

어려운 난관에 부딪혔다. 나는 예민함을 긍정적이라고 생각하는데 사람들은 그렇지 않은 것이다. 이 난제를 앞으로 어떻게 풀어가야 할까? 나는 어른이니까 그렇다 치고, 아이에게는 어떻게 가르쳐야 할까?

불편했다. 그래서 오래 고민했다. 나에게 주어진 숙제라고 생각했다. 분명 답이 있을 거라고. 믿고 기다리면 나에게 하늘이 힌트를 줄 거라고 생각했다. 불현듯 생각이 떠올랐다. 기가 막힌 아이디어에 너무 감사해서 눈물이 흘렀다. 이제 기회가 왔다. 오랜 고민에서 찾은 나의 답을 공유한다.

나는 쭉 예민한 것은 나쁘거나 좋은 것이 아니라고 이야기했다. 그저 하나의 성향일 뿐이라고 이야기했다. 이를 수용하면 장점이나 단점을 초월해 특별함이 된다고 말했다. 그런데 이런 상황을 상상해보자. 어떤 사람에게 아이의 기질을 설명해야 한다. 예를 들어 유치원 입학으로 아이의 성향에 대해 써낼 때, 당당하게 "내 아이는 예민한 기질의 아이입니다."라고 이야기할 수 있을까? 아니면 어떤 엄마를 새로이 알게 되었는데 그 아이의 기질이 예민해 보인다. 그러면 "아, 당신의 아이는 예민한 기질이군요."라고 편안하게 이야기할 수 있을까?

만약 머뭇거린다면 당신은 지극히 정상이다. 왜 머뭇거리게 되었을까? 나는 예민함을 긍정적인 것으로 인식하는데, 사람들은 그렇지 않기 때문이다. 예민하다고 이야기하려면 그래서 부연 설명이 엄청나게 들어가게 된다. 구구절절 얼마나 확신 없어 보이는가. 예민함에 대한 세상의 인식이 바뀌려면 아직 시간이 필요할 듯하다. 그렇다면 나는 어떻게 행동하면 될까? 그냥 소신 있게 예민함에 당당하면 되나, 아니면 사람들의 인식에 발맞추어 조금 간접적으로 접근하는 게 좋은가?

일단 내 소신은 유지하면 된다. 그게 옳다. 그리고 그건 큰 어려움이 없다.

그런데 겉으로 드러낼 때는 누울 자리를 보고 발을 뻗어야 한다. 그게 나뿐만 아니라 아이에게도 불똥이 떨어질 수 있기 때문이다.

예를 들어 처음 알게 된 선생님이 아이를 파악하기 전에 내가 아이의 예민함에 대해 먼저 이야기하면 선생님이 자기 기준으로 아이를 색안경 끼고 볼 수 있다. 오랜 선입견은 바뀌지 않기 때문이다. 아이의 일거수일투족을 자기 기준에 연관시켜 생각할 수 있다. 하지만 선생님이 어느 정도 아이를 알고 신뢰가 형성된 후에는 이야기를 꺼낼 수 있다. 그때는 부연 설명을 하기도 좀 더 편안해진다. 첫 인상이 중요하기에 그렇다.

보통 미리 이야기하는 경우는 특별한 케어를 바랄 때이다. 하지만 나는 딱 봐서 선생님이 예민한 기질이신 것 같다 싶으면 미리 말씀드리는 경우도 있다. 평균보다 더 섬세하게 챙겨주시는 열정 넘치는 선생님들이 보통 그렇다.

그리고 가깝지 않은 사이에서 예민함을 거론하려면 단어 선택에 유의하면 된다. 섬세하다, 민감하다 등 사람들이 좋게 인식하는 예민과 연관된 몇 가지 단어가 있다. 직구를 날리지 않고 간접적인 접근을 하는 것이다. 나도 상대방도 편해진다. 후에 다시 예민함의 긍정성에 대해 이야기하면 된다.

그리고 아이에게 예민함을 인식시킬 때도 신경 쓸 부분이 많다. "너는 이런 아이야."라고 말하는 것은 긍정적이든 부정적이든 아이를 그 상태에 고착시키기 때문이다. 아이가 자주 접하는 책이나 사회 생활에서는 예민함을 긍정적인 말로 쓰지 않으니 그것도 주의해야 한다. 그리고 나는 예민하다고 생각하는 것 자체도 조금 이상하다. '나 중심' 관점에서는 내가 예민한 것이 아니라 다른 사람들이 둔감한 것이기 때문이다. 정확히는 '다른 사람들의 관점에서 나는 예민하다, 하지만 내 관점에서는 내가 기준이 되므로 다른 사람들이 둔감하다.'가 맞겠다.

그러니 아이에게 인식시킬 때는 먼저 "너는 다르다."라고 이야기하는 것이 가장 맞겠다. 그리고 그 다름이 좋거나 나쁜 것이 아닌, 소수이기 때문에 특별한 것이라고 알려주자. 세상에서는 이걸 예민하다고 표현한다고. 원래 예민함은 긍정적인 뜻인데 일부 잘 모르는 사람들은 부정적으로 생각할 때도 있다고. 아이와 대화가 된다면 이렇게 이야기하면 좋을 것이다. 아이는 상황에 맞게 나는 예민하다고 당당히 이야기하기도 하고 가끔은 신중하기도 하며 사회 생활을 잘 해나갈 것이다. 하지만 자신의 기질을 누구보다 사랑하고 스스로를 지지할 것이다. 그리고 다른 사람의 시선을 기준으로 사는 것이 아닌 나 자신을 기준으로 살아갈 것이다.

또한 예민함은 영재성이기도 하다. 호주 시드니 뉴사우스웨일즈 대학교에서 영재교육학 박사 과정중인 우희진은 『우리가 몰랐던 영재 이야기』에서 예민함에 대한 영재적 특성을 이야기한다. 저자에 따르면 영재의 정서적 특성을 다룰 때 반드시 등장하는 단어가 바로 '민감함'이라고 한다. 그녀는 사람들을 만날 때 그들의 예민함을 먼저 살핀다고 한다. 예민하다고 해서 다 영재는 아니지만, 모든 영재는 예민함을 가지고 있기 때문이다.

나는 아이의 기질이 너무 힘들 때 발달 장애 책들을 전부 읽었다. 그리고 그 다음엔 영재 책들을 전부 읽었다. 영재와 발달 장애는 비슷한 부분이 많다. 예를 들어 자폐적이거나 ADHD적인 특성이 고도 영재들이 보이는 특성과 비슷한 것이다. 특히 잠 문제가 그렇다.

그들은 잠을 잘 자지 못하거나 잠이 없다. 하나에 꽂히는 몰입 성향이 강하다. 그리고 감각적으로 민감하다. 사회적인 어려움을 겪기도 한다. 너무나 유사해서 놀랄 정도였다. 그러나 발달 장애와 고도 영재 이 둘은 같은 특성을 다르게 양육한다. 발달 장애는 제거해야 할 문제로 보고, 고도 영재는 이를 풀어주어야 할 긍정적인 성향으로 본다.

나는 후에 예민한 아이들이 흔히 정서적이거나 감각적인 '과흥분성'을 가진다는 것을 알게 되었다. 과흥분성을 가진 아이는 보다 깊게 그 부분을 느끼고 추구하려 한다. 아이들이 부모한테 붙어 떨어지지 않거나, 특정 감각에 지나치게 반응하거나 하는 모습은 이러한 과흥분성과 연관이 있다. 예민한 아이들은 지능 지수가 높지 않을 수도 있다. 하지만 높을 수도 있다. 지능과 상관없이 이 과흥분성은 아이를 그 분야의 전문가로 만든다. 이처럼 훗날 재능이 되는 아이의 '과도한' 부분을 이해하고 사랑해야 한다. 과흥분성은 정서나 감각뿐만 아니라 상상 인지 운동 등 5가지 분야로 나뉜다. 당신의 예민한 아이도 최소 한 분야에서 과흥분성을 가지고 있을 것이다.

예민한 아이가 잘 자란 사례를 목마르게 찾아라. 그리고 거기 매달려라. 옆집 엄마 이야기, 애들 막 키우는 부모 이야기는 한 귀로 듣고 한 귀로 흘려라. 이렇게 실제 생생한 사례가 눈앞에 있는데 대체 어디에 눈 돌리는가. 초점을 맞추고 행동을 변화시켜라. 거기에 더욱 긍정적인 영향을 받을 사람은 아이뿐만 아니라 바로 당신 자신이다.

예민함은 그저 하나의 특성이다. 우월하거나 부족한 것이 아니다. 하지만 사람들은 그리 생각하지 않는다. '예민하다'라는 말을 부정적으로 사용한다. 또한 사랑하는 사람에게는 최대한 사용하지 않으려고 하는 단어 중 하나다. 나 자신부터 당당하자. 굳이 그러한 사람들과 맞서 싸워 에너지를 낭비할 필요는 없다. 현명한 노하우가 여기에 있다. 또한 세상이 바뀌고 있다.

아이에게 어떻게 인식시킬지를 섬세하게 고민하라. 가장 좋은 것은 아이가 보통 사람들과 다르다는 걸 긍정적으로 인식하는 것이다. 예민함은 영재성으로 분류된다. 모든 예민한 아이의 힘든 부분은 장점을 가졌다. 방법만 알면 예민한 아이는 잘 자랄 수 있다. 소수이기에 더욱 귀한 삶을 산다.

지능 검사를 받아보아야 할까요?

예민한 아이의 지능 지수는 높을 수도 있고, 아닐 수도 있어요. 안정되고 나이가 들어서야 제대로 나타나는 경우도 많아요. 사실 예민한 아이의 영재성은 지능 지수로 판별 가능한 게 아니에요. 과흥분성 검사나 다중지능 검사가 더 맞을 수 있습니다. 그런데 정말 많이 힘들다면 지능 검사를 받는 것이 좋아요. 아이가 어떤 부분에서 힘든지 객관적인 수치로 나오거든요. 어떤 부분에 불균형이 있어서 아이의 불안이 높은지도 비교적 정확히 볼 수 있어요. 많이 힘든 상황이 아니라면 아이가 안정되었을 때 받는 것이 좋아요. 검사 수칙을 지키지 않는다든가 불안하다든가 해서 점수가 제대로 나오지 않는 경우도 허다해요.

07

예민한 기질은
특별한 잠재력이다

"살아오면서 내가 깨달은 것이 있다. 시련은 변형된 축복이라는 것이다."

- 김도사, 『100억 부자 생각의 비밀 필사 노트』

끝에 도달해본 사람만이 할 수 있는 이야기다. 절벽에 내몰려 가까스로 살아나와본 사람만이 들려줄 수 있는 경험담이다. 시련은 계획되어 있었다. 당신이 예민한 아이를 만난 것은 이유가 있다. 이 세상을 좀 더 깊이 있게 알기 위해서, 당신의 내면아이를 치유하기 위해서, 혹은 소수의 입장을 이해할 줄 알게 하기 위해서다.

예민한 아이는 격동의 시대 주도주(주식시장의 상승을 주도하는 주식)나 다름이 없다. 예민한 아이는 변화를 빠르게 감지하는 능력으로 새로운 세상에 누구보다 빨리 적응한다. 고통을 온몸으로 체험하고 그 결과 아이는 크게 성장한다. 그 고통의 시기를 너그러운 눈으로 바라보자. 누구보다 따뜻하고 단단한 지지자가 되자.

고생 끝에 낙이 온다

예민한 기질로 성공한 사람 중 대한민국 육아 권위자 오은영 박사의 사례가 눈에 띈다. 오은영 박사는 저서를 통해 본인이 예민한 기질이라고 여러 번 밝힌 바 있다. 박사는 팔삭둥이였다. 어렸을 때 감각이 과민해 편식이 심했다. 체구가 또래에 비해 작고 말랐다. 잔병치레도 잦았다.

하지만 부모님은 항상 아이를 믿고 긍정적으로 바라보았다. 주변에서 "쟤는 왜 저렇게 빌빌거려 보여요? 어디 아파요?" 물으면 부모님은 "팔삭둥이로 태어났잖아요. 그런데 달리기를 엄청 잘해요."라고 말해주거나 "쟤가 3살에 한글을 뗐어요. 한명회도 칠삭둥이였잖아요."라고 맞받아쳤다.

부모의 칭찬과 인정이 아이의 인생에 얼마나 큰 영향을 미치는지 오은영 박사는 자주 강조한다. 오 박사는 자신의 그러한 예민함을 재능으로 발휘하며 살고 있다. 아이들의 행동을 보며 크게 감동하거나 슬퍼하는 것도 그러한 기질의 영향이다. 누구보다 아이를 섬세하게 캐치하며 또한 마음 깊이 소통한다. 그리고 누구보다 그러한 기질의 아이들을 잘 이해한다.

본인의 아들도 예민한 기질이라고 박사는 이야기한다. 그녀는 아들의 감각적 민감함을 긍정적으로 바라본다. 아들은 누구보다 건강한 심신으로 행복하게 세상을 살아간다. 오은영 박사는 예민함을 이해하고 이를 발휘하면 축복이 된다고 조언한다.

예민한 아이들이 좋은 환경에서 자라면 이렇게 긍정적인 자아상으로 세상에 영향력을 끼치는 사람이 된다. 그만의 독특한 아우라를 가지며, 개성 넘치는 자신만의 콘텐츠를 가진다. 그런데 많은 예민한 사람들이 불행하게 살아간다. 그 이유는 뭘까. 대부분 좋지 않은 환경에서 자라난 걸까?

먼저 기질을 수용하지 않는 시대적 상황이다. 오랜 기간 산업혁명으로 사람들은 획일화된 삶을 살았다. 공장에서 똑같이 찍어낸 옷을 입었으며, 똑같이 제조한 분유를 먹었다. 사람들은 똑같아져야 했다. 그리고 그 중에서 탁월한 사람을 뽑아 최고를 가렸다. 똑같은 시험을 보게 했으며, 똑같은 회사에 입사시키는 것을 목표로 가졌다. 사람들의 꿈도 비슷했다. 의사 아니면 판사 혹은 검사.

그런 획일화된 사회에서 개성 넘치는 예민한 아이들은 스스로의 피와 살을 깎아내려야 했다. 세상에 자신을 맞추든가 아니면 낙오하든가 선택해야 했다. 생존을 위해 그들은 세상에 자신을 맞추었다. 그리고 부모들은 그런 아이들을 착하다고 칭찬했다.

특히 우리나라는 힘든 역사를 가졌다. 오랫 동안 사방의 외세 침략에 시달렸으며, 지금도 남북 분단국가이다. 사람들은 개인의 삶의 만족보다는 그저 생존을 위해서 하루하루를 살아왔다. 배고픔과 가난함은 사람들을 거칠게 만들었다. 가난은 양육 환경의 질을 낮추었다.

이런 환경에서 예민한 아이들의 기질은 인정될 기회가 없었다. 일단 먹고 살려면 자신과 아이의 특성을 누르고 막노동이라도 해야 했다. 예민한 기질을 가진 어른들이 얼마나 아픔이 많고 지금도 거기서 벗어나려 노력하는지 나는 안다. 많이 보았고, 많이 아팠다.

믿어야만 그 문이 열린다

나는 처음 기질 책을 접할 때 예민한 기질의 아이들은 커서도 행복감을 많이 느끼지 않는다는 연구 결과를 읽었다. 알면서도 참 기운 빠졌다. 하지만 나는 그렇지 않을 거라고 생각했다. 모든 것에는 장점과 단점이 있는 법, 힘든 부분이 있다면 분명 그에 상응하는 혜택이 있을 거라고 생각했다. 우주의 진리란 그런 거니까. 당장 답을 내리지는 못했지만 최선을 다해 양육했다.

이렇게 키우면 어떻게 자랄까 궁금했던 것도 있다. 아이를 키우며 더 많은 정보를 알게 되었다. 예민한 기질의 아이들이 좋은 환경에서 자라면 평균보다 더 큰 행복감을 느낀다는 새로운 연구 결과들을 찾게 되었다. 그리고 예민한 기질임에도 좋은 양육으로 잘 자라 행복하게 살아가는 성인들을 만났다. 나의 믿음은 점점 더 깊어졌다.

최선을 다해 케어한 내 아이들은 잘 자라났다. 누구보다 정서적으로 안정되고 흥 넘치는 아이들이 되었다. 아이들의 예민함은 각각 다른 종류의 재능으로 발현되었다.

첫째는 놀이터 여왕이 되었고 미술적 재능을 뽐낸다. 놀이터 동생들은 첫째를 '매미 언니'라고 부른다. 첫째의 매미와 곤충 지식은 초등학생 수준이다. 또한 담임 선생님을 돕고 반 아이들을 배려하는 갑 오브 갑 정서 지능을 가졌다.

둘째는 밥 먹다가도 일어나 춤추는 흥맨이다. 또한 자동차 덕후다. 꿈은 커서 이 세상 모든 차와 비행기를 다 몰아보는 것이다. 권위자를 찾아내 눈웃음을 날리는 비즈니스 센스를 벌써부터 가졌다. 나는 내가 어린 시절 이렇게 자랐더라면 나도 행복할 수 있었겠구나 하는 생각이 든다. 앞으로라도 그리 할 것이다. 참 기쁘고 다행이다.

이제 나는 확신을 가지고 이 세상에 알리려 한다. 예민한 아이들은 행복하게 자랄 수 있다. 처음에만 좀 고생하면 된다. 오히려 그 힘들었던 특성이 나중엔 아이의 재능이 된다. 내가 경험했고, 내가 관찰했고, 또한 내가 진짜 노하우를 안다. 그리고 어려운 환경에서도 단단히 자란 나 자신의 사례를 통해 많은 대안을 가지고 있다. 믿자. 그리고 온몸으로 변화하자.

사람들은 예민함이 긍정적으로 발현될 수 있다는 것을 알기 시작했다. 예민함이라는 단어에 씌인 부정적인 느낌을 다시 인식하려고 노력하는 중이다. 그런데 아직도 이를 거부하는 사람들이 있다. 대중적인 기준에서 '나는 예민해.' 혹은 '내 아이는 예민해.'라고 생각할 때 뭔가 꺼림칙한 기분이 드는 것이다. 일부러 인식이 좋은 단어를 사용하기도 한다. 그런데 내가 정면 돌파하려는 이유가 있다. 나는 훗날 사람들이 '예민하다'라는 말을 즐거운 의미로 나눌 것을 믿기 때문이다.

영국의 형이상학자 네빌 고다드는 이런 말을 했다.

"여러분이 바라는 모든 것은 이미 존재하며 여러분의 믿음과 일치되기를 기다리고 있다. 믿음과 일치되는 것이 여러분이 소망하는 모든 것에 생명을 부여해 외부의 실체로 만들 수 있는 유일한 조건이다. 믿음과 상태가 일치할 때 찾는 것이 보일 것이고, 두드리는 것이 열릴 것이고, 구하는 것을 받을 것이다."

250권의 책을 출판하고 1,000명의 작가를 배출한 〈한국책쓰기1인창업코칭협회〉 김도사는 이렇게 말한다. 성공과 실패, 더 나은 삶과 멈춰진 삶, 삶을 결정하는 것은 마인드라고. 마음이 모든 것을 바꾸며 믿으면 이루어진다고.

나는 언젠가 내가 아이들을 키운 이야기를 널리 알려 사람들을 도울 수 있을 거라 믿었다. 꿈을 가지고 맨땅에 헤딩하며 몇 년을 고생했다. 그러다 하늘의 도움인지 운명처럼 김도사님을 만났다. 나에게 예민한 아이 육아법을 쓰라며 용기를 북돋아주시고 목숨 걸고 코칭해주셨다. 이 이야기는 그렇게 생명을 얻게 되었다.

나는 아이의 힘든 부분이 잠재력이라고 믿었다. 하늘에서 원석을 선물 받았다고 생각하며 기도했다. 사람들과 다른 부분이 특별한 재능이 될 거라고 믿는다. 우리 아이는 그렇게 자라고 있다. 사람들은 내가 육아를 잘 해서 그런 줄 안다. 많이 공부했고, 노하우도 있다. 하지만 가장 중요했던 건 나의 마음이었다. 아이를 믿었다. 나 자신이 해낼 수 있다 생각했다. 내 아이고, 내가 이 아이의 부모니까. 아이의 눈을 바라보자. 그리고 말하자. 이제 진짜를 찾았다고.

예민한 기질은 특별한 잠재력이다. 왜냐고? 내가 믿기 때문에 그렇다. 그리고 당신이 그렇게 믿을 것이기 때문에 그렇다. 수많은 연구들이 이를 뒷받침한다. 오은영 박사를 포함해 예민한 기질을 가진 각종 분야의 권위자들이 많다. 극강의 까다로움을 가졌던 내 아이들도 행복하게 자라났다.

총책임자인 부모가 변하지 않으면 아무 일도 일어나지 않는다. 세상은 변한다. 그리고 사람들도 변할 것이다. 앞으로 예민한 기질에 대한 이해도가 높아지고 아이를 잘 키울 수 있게 된다. 그 중심축에 당신이 나와 함께하길 기도하고 축복한다.

예민한 사람은 가장 좋은 것을 선택한다

이 책을 쓰면서 참 많이 울었다. 먼저 내가 육아했던 이야기가 생각나서였다. 다 털어내고 다 나은 줄 알았는데. 꺼내면 꺼낼수록 화수분 같은 그 경험. 매일을 아프고 다짐하고 또 노력하던 하루하루. 그리고 내가 책을 쓰려 노력했던 과정이 생각나서였다. 얼마나 많은 일을 경험했나. 자존심은 하락하고 관계도 틀어졌다. 하마터면 포기할 뻔했다. 그리고 아직도 아픈 엄마들이 안타까워서였다. 부디 내 경험을 읽고 도움이 되었으면. 나는 어쩔 수 없이 이들을 도와야 할 운명인가 보다. 그리 생각이 들었다.

우리 아이는 잘 자랐다. 많이 공부했다. 많이 관찰했다. 그리고 많이 노력했다. 아직도 기질은 팔딱거리지만 긍정적인 쪽으로 발현되고 있다. 내가 한 이

것들을 사람들이 알면 그들의 노력은 반으로 줄어들지 않을까? 알고 시작하는 것과 모르고 부딪치며 방법을 찾아나가는 것은 다르지 않을까? 나는 내 위치를 백분 활용하기로 했다. 나는 아직도 열정으로 아이를 키우는 엄마다. 육아 덕후라는 표현이 딱 어울린다. 분명 나에게서 받을 수 있는 도움은 또 다른 것일 터. 나는 책 쓰기를 하며 그걸 느꼈다. 나는 책을 쓰는 데 3년이라는 시간이 걸렸는데 최고의 코치를 만나니 5주밖에 걸리지 않았다. 내가 그동안 한 건 뭐지? 맨땅에 헤딩한다는 말은 딱 이럴 때 쓰는 거구나.

그래서 아직도 맨땅에 헤딩하고 있는 엄마들에게 고한다. 나는 정말 열심히 공부하고 노력해서 아이들을 키웠으나 당신은 시간을 기하급수적으로 단축하게 될 것이다. 왜냐하면 내가 그 엑기스를 모두 압축해 알려줄 거니까. 가장 힘들 때 의지할, 성경같이 위대한 책을 만들 거니까. 그리고 실전에서 부딪힐 때 내가 도와줄 거니까. 누구보다 많이 아팠고 누구보다 많이 경험한 내가 그리 하겠다. 나만 믿고 따라오면 된다.

이 세상 모든 아이들은 귀하다. 그런데 조금 특별한 아이들이 있다. 사람들은 이들을 두고 예민하다고 말한다. 그 뜻을 부정적으로 받아들일지 긍정적으로 받아들일지는 우리의 몫이다. 가장 큰 난관이다. 바로 우리가 부정적으로 인식하고 자란 세대가 아닌가. 이를 어떻게 타파하고 새로운 발걸음을 뗄까. 리셋하자. 그리고 다시 시작하자. 우리는 그럴 의무를 부여받았다.

나는 가끔 상상을 한다. 그 곳에는 예민한 기질의 사람들만 산다. 아이를 낳으면 3년 정도 아무것도 못 하니까 전문적인 팀이 함께 도와준다. 아이는 유치원부터 기관 생활을 하며, 유년 시절 사람들과 놀이로 충만한 매일을 보낸다. 학창 시절 몰입을 존중하고 자기 주도 학습이 효율적으로 이뤄진다. 자연을 해치고 훼손하는 것이 아니라 함께 살아간다. 가장 좋아하는 일을 하며 개개인이 모두 소중한 존재로 여겨진다. 이곳은 유토피아다.

예민한 사람들은 가장 좋은 것에 이끌리는 사람들이다. 인류는 점점 더 예민해질 것이다. 의식이 성장하고 영적인 각성이 일어나며 더욱 그리된다. 오랜 시간 힘들었던 예민한 사람들은 선두의 자리를 차지하게 될 것이다. 우리의 아이들이 그 핵심 인물들이다. 신처럼 키우자. 배려깊게 사랑하자. 평생 자신의 존재를 축복처럼 여길 수 있도록. 내가 못 누렸던 그것을 아이들이 누린다면 원이 없겠다.

함께 가자. 혼자서는 빨리 가지만 함께라면 느려도 멀리 간다. 이제 시작일 뿐이다. 누구든지 뜻이 맞는 사람은 나를 찾아오라. 앞으로가 기대된다.